"十四五"时期国家重点出版物
出版专项规划项目

水体污染控制与治理科技重大专项"十三五"成果系列丛书

重点行业水污染全过程控制技术系统与应用标志性成果

流域水污染治理成套集成技术丛书

印染行业
水污染治理成套集成技术

◎ 奚旦立　马春燕　李方　等 编著

化学工业出版社

·北京·

内 容 简 介

本书为"流域水污染治理成套集成技术丛书"的一个分册,主要介绍了印染行业的节能减排技术和水污染控制技术,详细阐述了每项技术的原理、适用范围、技术指标及参数和工程应用情况等,并结合我国印染行业水污染物控制的相关环保政策、排放要求,提出了具有示范推广价值的节水减排技术和废水末端治理技术;特别是在废水处理中提出了"清浊分流、分类收集、分质处理"的理念,详细介绍了含特征污染物的废水预处理关键技术和综合废水的常规处理、深度处理及回用技术,并通过印染企业废水处理工程,给出了典型技术的组合应用案例。在书后还附上了近几年颁布的纺织印染行业废水治理相关技术规范,以方便读者参考使用。

本书具有较强的技术性和针对性,可供从事纺织印染废水处理及污染控制等的工程技术人员、科研人员和管理人员参考,也可供高等学校环境工程、市政工程、化学工程及相关专业师生参阅。

图书在版编目(CIP)数据

印染行业水污染治理成套集成技术/奚旦立等编著. —北京:化学工业出版社,2020.12
(流域水污染治理成套集成技术丛书)
ISBN 978-7-122-38305-1

Ⅰ.①印 … Ⅱ.①奚… Ⅲ.①印染工业-工业废水-水污染防治 Ⅳ.①X791.03

中国版本图书馆 CIP 数据核字(2020)第 273265 号

责任编辑:刘 婧 刘兴春 刘兰妹　　　　　　装帧设计:史利平
责任校对:刘 颖

出版发行:化学工业出版社(北京市东城区青年湖南街 13 号　邮政编码 100011)
印　　装:北京建宏印刷有限公司
787mm×1092mm　1/16　印张 12¾　字数 254 千字　2022 年 5 月北京第 1 版第 1 次印刷

购书咨询:010-64518888　　　　　　　　　售后服务:010-64518899
网　　址:http://www.cip.com.cn
凡购买本书,如有缺损质量问题,本社销售中心负责调换。

定　　价:128.00 元

前　言

纺织工业是我国传统支柱产业、重要民生产业和创造国际化的新优势产业。我国是世界纺织产业规模最大的国家，也是产业链最完整、门类最齐全、产业规模最大的国家。2017年，印染八大类进出口总额249.24亿美元，同比减少0.2%，增速较2016年同期提高6个百分点；贸易顺差209.84亿美元，同比增加0.51%，增速较2016年同期提高5.63个百分点。在巩固美、欧、日等传统市场的同时，我国对"一带一路"相关国家印染八大类出口数量为110.47亿米，同比增加2.51%；出口金额130.38亿元，占我国印染八大类出口总额的比重达到56.80%。

依据全国排污许可证管理信息平台统计，截至2020年6月30日，全国已成功申请并获得固定污染源排污许可证的纺织印染企业8902家，占全国纳入固定污染源排污许可系统企业总量的3.5%。8902家纺织印染企业分布在31个省（市、自治区），其中安徽省、福建省、河南省、江西省、辽宁省、江苏省、浙江省、广东省、山东省以及河北省印染企业数量均超过100家。其中江苏省数量最多，有4541家；浙江省次之，有1181家；广东省紧随其后，有1179家。

印染生产包括前处理、染色、印花、整理等多道工序，生产过程需消耗大量的热能和水资源，不同的织物品种使用的生产工艺和染化料也千差万别。产生的废水具有水量大、有机物浓度高、可生化性差、大部分呈碱性且色泽深的特点，是工业废水中较难处理的一类废水。纺织工业废水排放量在全国41个行业中位居前列，其中印染加工过程产生的废水量占整个纺织工业的70%以上。2013年印染行业废水排放量15.02亿立方米，占全国工业废水排放总量的7.86%，排位第三；化学需氧量17.79万吨，占全国工业化学需氧量排放总量的6.23%；氨氮1.26万吨，占全国工业氨氮排放总量的5.63%。印染工业一直是我国污染防治的重点行业之一。

2012年发布的《纺织染整工业水污染物排放标准》（GB 4287—2012）与其2015年修改单（2015第19号公告和2015第41号公告）是目前印染企业废水排放的依据。2015年4月2日国务院颁布的《水污染防治行动计划》（即"水十条"）中，将印染行业列入专项整治十大重点行业之一。《"十三五"生态环境保护规划》中提出，实施重点行业企业达标排放限期改造，严格环保能耗要求，促进企业加快升级改造，促进清洁生产、节水治污、循环利用等专项技术改造。传统的印染废水污染控制技术已无法满足达标排放的要求。近几年，随着《纺织染整工业水污染物排放标准》（GB 4287—2012）实施，各类印染废水污染控制技术发展迅速，已逐步呈现出深度化的趋势。

因此，有必要在深入解读我国印染行业环保政策要求后，梳理介绍印染行业先进的节水减排技术和废水末端治理技术，为我国印染行业的生态绿色发展提供环保技术支撑。

本书结合我国印染行业水污染物控制的相关环保政策、排放要求，提出了具有示范推广价值的源头防治技术和废水末端治理技术。在节水减排技术中，根据印染生产过程中前处理、染色、印花、整理工序分别进行节水生产技术的介绍；在废水末端治理技术中，提出了"清浊分流、分类收集、分质处理"的理念，详细介绍了含特征污染物的废水预处理关键技术和综合废水的常规处理、深度处理及回用技术，并通过实际废水处理工程设计给出了典型技术的成套应用案例；在书后附有《纺织染整工业废水治理工程技术规范》（HJ 471—2020）全文和《排污许可证申请与核发技术规范 纺织印染工业》（HJ 861—2017）的废水排放部分，供读者参考。本书具有较强的技术性和针对性，可供从事印染废水处理处置及污染控制等工程技术人员、科研人员和管理人员参考，也可供高等学校环境工程、市政工程、化学工程及相关专业师生参阅。

本书由奚旦立、马春燕、李方等编著，具体编著分工如下：第 1 章由奚旦立、沈忱思执笔；第 2 章由奚旦立、马春燕执笔；第 3 章由李方、徐晨烨、唐政坤执笔；第 4 章由马春燕、李方执笔。全书最后由奚旦立、马春燕统稿并定稿。本书的撰写和出版得到了水体污染控制与治理科技重大专项"重大行业水污染全过程控制技术集成与工程实证"（2017ZX07402004）的资助，在此表示感谢！

限于编著者水平和编著时间，书中疏漏和不妥之处在所难免，望同行和读者批评指正。

编著者
2020 年 12 月

目 录

第 1 章
概　述

1.1　印染行业废水来源及特征

1.1.1　印染行业概况

1.1.1.1　我国印染行业生产概况

　　纺织工业是我国传统支柱产业、重要民生产业和创造国际化新优势的产业。我国是世界纺织产业规模最大的国家，也是产业链最完整、门类最齐全、产业规模最大的国家。广义的纺织业产业链如图 1-1 所示。

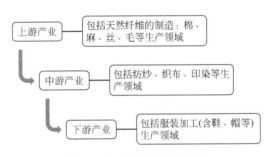

图 1-1　广义的纺织业产业链

　　纺织是一门工程技术，其主要任务是以纺织纤维为原料，经过纺织加工，制成各类纺织最终产品，呈现流程型加工的生产特点，产品不仅涵盖服装、家纺原料，还包括产业、医疗使用的纺织成品制造。

　　印染行业是纺织产业链中的关键环节，是高附加值服装、家用纺织品和高技术纺织品生产的重要技术支撑。在印染生产过程中，由于天然纤维杂质的去除、染化料的使用以及湿热加工方式，印染行业成为纺织产业链中水污染物排放的主要环节。做好印染行业的水污染治理工作不仅有利于我国重点行业污染减排，且对促进整个纺织工业转型升级、可持续发展具有重大意义。

　　我国纺织行业整体持续增长，已成为世界纺织大国。纺织服装是人类生存最基本的需求之一，纺织行业的发展对于促进国民经济发展、繁荣市场、吸纳就业、增加国民收入、加快城镇化进程以及促进社会和谐发展等具有十分重要的意义。我国加入世界贸易组织（World Trade Organization，WTO）后，在国内外市场需求的强劲推动下，纺织行业快速发展，行业规模和经济效益持续增长。2006～2016 年，我国纺织工业规模以上企业工业增加值年均复合增长率为 9.48%，主营业务收入年均复合增长率为 10.67%，利润总额年均复合增长率为 15.15%。我国主要纺织产品如化纤、纱、布等产量均呈现持续增长态势，已经发展成为名副其实的纺织大国，行业竞争能力不断加强，国际贸易地位逐年提高。根据 2016 年 9 月工业和信息化部《纺织工业"十三五"发展规划》，我国纺织品出口总额占世界总量的比重已从 2000 年的 10.42% 上升到 2015 年的 38.60%，2016 年后产量有所回落。我国纺织企业数量目前已超过 15 万家，其中中小企业为数众多，占 90% 以上。2018年，我国纱产量 2958.94 万吨（图 1-2），布产量 657.26 亿米（图 1-3）。

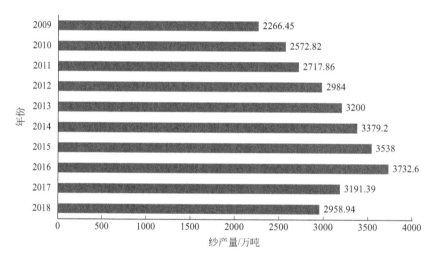

图 1-2　2009～2018 年我国纱产量（数据来源于国家统计局，纱包括棉纱、
棉混纺纱、纯化纤纱，不包括棉线、代用纤维纱和手工纺纱）

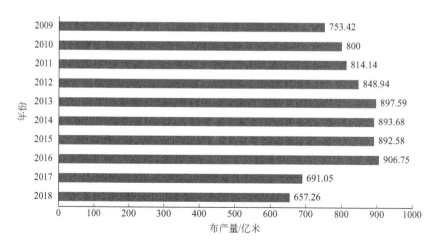

图 1-3　2009～2018 年我国布产量（数据来源于国家统计局，布包括棉布、
棉混纺布、纯化纤布，不包括代用纤维布、手工织布）

近年来，我国化学纤维及纯化纤布产量总体呈现较快增长态势，2009 年我国化学纤维总产量为 2747.28 万吨，至 2018 年达到 5011.09 万吨，年复合增长率达到 6.20%（图 1-4）。化学纤维布产量也由 2005 年的 110 亿米增长至 2014 年的 187.96 亿米，增长 70.87%。

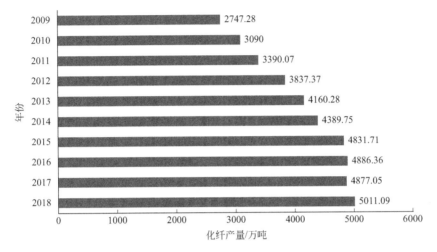

图 1-4　2009～2018 年我国化纤产量（数据来源于国家统计局）

按生产工艺的不同，纺织工业可分为纺前纤维加工（不含化学纤维制造）、纺纱、织造、印染以及织物功能整理等。从原材料方面区分，则主要可分为棉纺、麻纺、毛纺、丝绢纺、化纤织造精加工等。2017 年我国纺织行业主要大类产品产量情况如表 1-1 所列。2017 年，纺织行业运行质效延续了此前几年的稳中趋好态势。全行业 3.9 万家规模以上企业累计实现主营业务收入 68935.6 亿元，同比增长 4.2%，增速较 2016 年提高 0.1 个百分点；实现利润总额 3768.8 亿元，同比增长 6.9%，增速较 2016 年提高 2.4 个百分点。规模以上企业销售利润率为 5.5%，高于 2016 年同期 0.2 个百分点；产成品周转率为 20.8 次/年，总资产周转率为 1.5 次/年，均与 2016 年同期基本持平；三费比例为 6.5%，略高于 2016 年同期 0.1 个百分点。

表 1-1　2017 年我国纺织行业主要大类产品产量情况

产品名称	单位	产量	同比增长率/%	产品名称	单位	产量	同比增长率/%
化学纤维	万吨	4919.6	0.7	苎麻布	亿米	2.3	5.6
纱	万吨	4050.0	8.5	亚麻布	亿米	2.1	−8.1
布	亿米	868.1	−4.3	蚕丝	万吨	14.2	−1.9
印染布	亿米	524.6	4.8	无纺布	万吨	415.6	0.1
毛机织物	亿米	4.8	−7.3	服装	亿件	287.8	−2.6

注：1. 化纤、纱、布产量为全社会数据，其他产品产量为规模以上企业数据。
　　2. 资料来源：国家统计局。

从空间分布格局来看，我国纺织企业主要分布在浙江、江苏、山东、广东、福建东部沿海五个省份，企业集中度较高。长期以来，这些地区充分运用市场化机制，凭借地域优势、专业化市场以及完备配套设施等有利条件，形成了从原料到最终产品的完整产业链模式。表1-2～表1-4分别反映了近年来我国纺织工业主要产品产量全国分布情况、纺织工业主要产品产量全国区域分布情况以及我国纺织工业品生产区域分布变化。我国纺织产业地区，如珠江三角洲、长江三角洲和环渤海产区的形成主要是由于具有面向国际市场的地缘优势，加之在改革开放初期相对于内地的优惠政策优势。这两大优势促进了沿海地区大量纺织企业的诞生和成长，并成为国际纺织产业转移的承接地。纺织产业逐渐形成了生产规模较为集中且相对稳定的3个主要产区，即珠江三角洲产区、长江三角洲产区和环渤海产区。

表1-2　2015年我国纺织工业主要产品产量全国分布情况　　　　单位：%

省份＼产品	化学纤维	布	印染布	非织造布	服装
河北	1.26	9.68	0.24	3.21	1.77
江苏	29.58	12.90	12.65	10.23	15.64
浙江	44.67	21.49	62.34	17.44	12.83
福建	11.93	10.48	7.50	7.09	12.79
山东	1.70	16.12	5.40	19.87	9.90
河南	1.01	3.58	0.60	4.09	5.11
湖北	0.64	12.07	0.85	9.46	3.60
广东	1.21	4.08	7.90	5.98	21.36
四川	2.44	2.63	1.11	1.78	0.61
新疆	1.01	0.06	0	0.03	0.04
其他	4.56	6.91	1.4	20.82	16.34

注：数据来源于国家统计局、中国印染行业协会。

表1-3　2015年纺织工业主要产品产量全国区域分布情况　　　　单位：%

地区＼产品	化学纤维	布	印染布	非织造布	服装
东部地区	91.51	75.23	96.09	66.24	76.68
中部地区	3.31	19.79	2.31	26.29	17.75
西部地区	3.79	4.42	1.42	2.54	3.17
东北地区	1.37	0.55	0.18	4.93	2.40

注：数据来源于国家统计局、中国印染行业协会。

表1-4　2010年与2015年我国纺织工业品生产区域分布变化　　　　单位：%

年份＼地区	东部地区	中部地区	西部地区	东北地区
2010	77.1	16.8	5.1	1.1
2015	75.2	19.8	4.4	0.6

注：数据来源于国家统计局、中国印染行业协会。

　　印染精加工是对纺织物进行物理、化学的综合处理过程。从社会分工上讲，印染行业是纺织工业中的一个细分行业。在不同细分行业中，印染工业量大面广，包括退浆、精练、漂白、丝光、染色、印花、整理等多道工序。如表 1-5 所列，近 5 年规模以上印染企业印染布产量维持在 500 亿米左右，区域分布集中于浙江、江苏、山东、广东、福建等东部沿海省份，企业集中度较高。

表 1-5　近 5 年规模以上印染企业印染布产量地区分布情况　单位：亿米

省份	2014 年		2015 年		2016 年		2017 年		2018 年	
	产量	占比/%	产量	占比/%	产量	占比/%	产量	占比/%	产量	占比/%
全国	536.74	100.00	509.53	100.00	533.70	100.00	524.59	100.00	490.69	100.00
浙江	324.02	60.37	317.63	62.34	322.09	60.35	313.26	59.72	289.22	58.94
江苏	63.60	11.85	64.47	12.65	67.04	12.56	66.94	12.76	62.13	12.66
福建	47.27	8.81	38.22	7.50	47.67	8.93	49.36	9.41	56.24	11.46
广东	42.46	7.91	40.23	7.90	37.99	7.12	39.56	7.54	34.55	7.04
山东	30.08	5.60	27.51	5.40	29.98	7.12	28.67	5.46	27.21	5.54
其他	29.31	5.46	21.47	4.21	28.93	5.42	26.80	5.11	21.39	4.36

注：数据来源于国家统计局、其他公开数据。

　　我国主要省市的印染布产量分布见图 1-5。

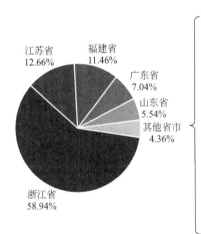

省份	占比/%
天津市	0.04
河北省	0.16
山西省	0.23
辽宁省	0.25
上海市	0.07
安徽省	0.33
江西省	0.19
河南省	0.31
湖北省	0.63
湖南省	0.25
重庆市	0.44
四川省	1.37
贵州省	0
陕西省	0.07

图 1-5　2018 年我国主要省市印染布产量占比情况

　　从产业发展层面看，纺织工业与信息技术、互联网深度融合，对传统生产经营方式提出挑战的同时，也为产业的创新发展提供了广阔空间。"中国制造 2025""互联网＋"推动信息技术在纺织行业设计、生产、营销、物流等环节的深入应用，将推动生产模式向柔性化、智能化、精细化转变，由传统生产制造向服务型制造转变。大数据、云平台、云制造、电子商务和跨境电商发展将催生纺织行业的新业态与新模式。

　　同时，"一带一路""京津冀协同发展""长江经济带"三大战略实施为促进纺织工业区域协调发展提供新机遇。建设新疆丝绸之路经济带核心区，支持新疆发展纺织服装产业促进就业一系列政策实施，也将推动新疆纺织工业发展迈上新台阶。此外，推进新型城镇化建设，特别是引导1亿人在中西部就近城镇化，将增强中西部纺织工业发展的内生动力。全球纺织分工体系调整和贸易体系变革加快，将促进企业更有效地利用两个市场、两种资源，更积极主动地"走出去"，提升纺织工业国际化水平，开创纺织工业开放发展新局面。

　　2018年我国印染布出口主要市场情况如表1-6所列，主要市场占比如图1-6所示。越南仍是最大的出口市场，占出口总量的8.48%，占出口金额的13%；东南亚国家已经成为我国印染布出口主要市场。前十位市场出口数量合计102.62亿米，占总出口数量的44.07%；出口金额114.58亿美元，占总出口金额的46.43%。

表1-6　2018年我国印染布出口主要市场情况

国家及地区	数量	金额	单价	数量同比	金额同比	单价同比
	亿米	亿美元	美元/米	%	%	%
越南	19.76	31.92	1.62	12.91	7.98	−4.42
尼日利亚	14.4	9.12	0.63	3.9	11.9	7.34
孟加拉国	13.91	20.65	1.48	14.58	19.78	4.55
印度尼西亚	12.42	13.25	1.07	13.32	16.23	2.58
巴西	8.23	6.96	0.85	0.37	7.41	7.05
缅甸	7.36	7.77	1.06	23.91	36.08	9.97
贝宁	6.95	6.13	0.88	-1.28	12.27	14.55
巴基斯坦	6.88	7.04	1.02	9.9	16.17	5.49
美国	6.66	6.78	1.02	12.31	11.7	−0.19
印度	6.05	4.96	0.82	11.62	17.54	5.11

注：数据来源于国家统计局。

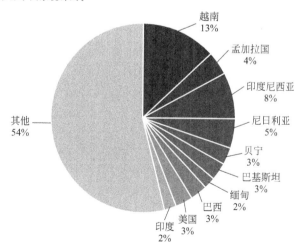

图1-6　2018年我国印染布出口主要市场占比情况

1.1.1.2 印染生产工艺概述

纺织品的原料主要有棉花、羊绒、羊毛、蚕茧丝、化学纤维、羽毛羽绒等。其中，在上游产业中麻纺、毛纺、丝绢纺分别在麻脱胶、洗毛、缫丝等工段产生了较多的废水；中游的织造（仅喷水织机工艺）、印染产生废水较多；下游产业主要有服装业、家用纺织品、产业用纺织品等，其中成衣水洗工艺的生产工段会产生了较多的废水。

纺织业生产流程见图 1-7。

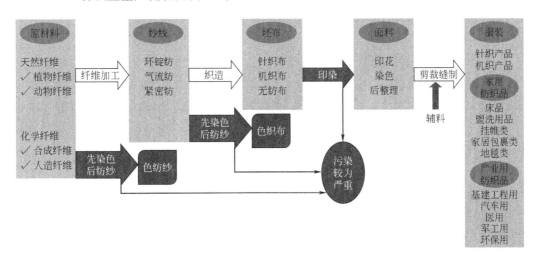

图 1-7 纺织业生产流程

（1）印染生产工艺

印染、纺纱、机织/针织生产，形成纺织物生产的全过程。如表 1-7 所列，因不同原料性质不同，不同织物的印染生产工艺各具特色。但印染生产过程可归纳为前处理、染色、印花和整理四个主要工段。

表 1-7 不同织物印染加工工艺

序号	生产工艺	工艺流程
1	纯棉或棉混纺织物染色、印花	棉坯布→烧毛→退浆→煮练→（漂白）→（丝光）→染色、印花→整理→成品
2	棉针织产品染色、印花	针织坯布→煮练→漂白→染色、印花→整理→成品
3	毛粗纺织物染色、印花	毛坯布→洗呢→缩呢→染色→整理→成品
4	毛粗纺散毛染色	散毛→染色→梳毛→纺纱→络筒→整经→织造→洗呢→缩呢→整理→成品
5	毛精纺毛条染色	毛条→染色→复精梳→纺纱→络筒→整经→织造→烧毛→洗呢→煮呢→蒸呢→成品
6	绒线染色	坯线→洗线→染色→烘干→成品
7	麻纺产品染色	坯布→烧毛→退浆→煮练→（漂白）→（丝光）→染色、印花→整理→成品

续表

序号	生产工艺	工艺流程
8	丝绸产品染色、印花	坯绸→精练→染色、印花→整理→成品
9	涤棉织物染色	化纤织物→烧毛→退浆→煮练→（漂白）→丝光→染色、印花→整理→成品
10	涤纶仿真织物染色、印花	坯布→精练→收缩→预定型→碱减量→染色、印花→水洗→整理→成品

1) 前处理

前处理是印染加工的准备工序，也称为练漂。未经染整加工的织物统称为原布或坯布，坯布中常含有相当数量的杂质，其中有纤维伴生物及杂质、织造时经（纬）纱浆料、化纤油剂以及在纺织过程中黏附的油污等。前处理的目的就是在坯布受损很小的条件下，除去织物上的各类杂质，使坯织物成为洁白、柔软并有良好润湿性能的印染半成品。不同品种的织物，对前处理要求不一致，织物在前处理车间所经受的加工过程次序（工序）和工艺条件也不一定相同，如棉及棉型织物的前处理一般有准备、烧毛、退浆、煮练、漂白、丝光等工序。

2) 染色

染色是把纤维材料染上颜色的加工过程。它是借助染料与纤维发生物理化学或化学结合，或者用化学方法在纤维上生成染料而使纺织品成为有色织物的过程。染色产品不但要求色泽均匀，而且必须具有良好的染色牢度。根据染料与织物接触方式的不同，染色工艺可分为浸染和轧染。

3) 印花

印花是指将各种染料或颜料调制成印花色浆，局部施加在纺织品上，使之获得各色花纹图案的加工过程。印花以工艺不同可分为直接印花、拔染印花、防染印花、防印印花、植绒印花、数码印花等，以印花设备不同可分为滚筒印花（包括凸纹印花、凹纹印花）、筛网印花（包括平网印花、圆网印花）、转移印花（包括干法转移、湿法转移）等。

4) 整理

整理是指根据纺织品纤维的特性，通过化学或物理化学的作用，改进纺织品的外观和形态稳定性，提高纺织品的服用性能或赋予纺织品阻燃、拒水拒油、抗静电等特殊功能。

（2）印染生产的原辅材料

印染生产的原辅材料主要包括纤维材料、染料及助剂。

1) 纤维材料

根据纤维的来源，可将纤维分为天然纤维和化学纤维。

① 天然纤维是自然界原有的或经人工培植的植物、人工饲养的动物上直接取得的纺织纤维。

② 化学纤维是用天然或人工合成的高分子化合物为原料，经纺丝和后处理等工序制得的具有纺织性能的纤维。化学纤维可分为人造纤维（再生纤维）、合成纤维和无机纤维。

具体纺织纤维的分类与成分见表 1-8。

表 1-8　纺织纤维的分类与成分

天然纤维	植物纤维（纤维素）	种子纤维	棉、木棉等
		叶纤维	剑麻、蕉麻等
		茎纤维	苎麻、亚麻、大麻、黄麻等
	动物纤维（蛋白质）	毛发类	绵羊毛、山羊毛、骆驼毛、兔毛、牦牛毛等
		腺分泌物	桑蚕丝、柞蚕丝等
	矿物纤维（无机物）		无机金属硅酸盐类，如石棉纤维等
化学纤维	人造纤维	再生纤维素纤维	黏胶纤维、醋酸纤维等
		再生蛋白质纤维	大豆纤维、花生纤维等
	合成纤维	普通合成纤维	涤纶、锦纶、腈纶、丙纶、维纶、氯纶等
		特种合成纤维	芳纶、氨纶、碳纤维等
	无机纤维		玻璃纤维、金属纤维等

2）染料

根据染料的物理化学性质，可分为直接染料、活性染料（反应染料）、冰染染料（不溶性偶氮染料）、还原染料、硫化染料、酸性染料、分散染料、阳离子染料、缩聚染料、氧化染料、酞菁染料等十余种。

表 1-9 汇总了不同染料的特性及适用对象。

表 1-9　不同染料的特性及适用对象

染料类别	主要性能	适用对象					
		棉	麻	丝	毛	锦	涤	腈
直接染料	溶于水，使用方便，色泽浓暗，色谱齐全，价格便宜，色牢度较差	√	√	√	√	√		
活性染料	溶于水，使用方便，色泽鲜艳，色谱齐全，价格适中，湿处理牢度优良	√	√	√	√	√		
冰染染料	不溶于水，使用起来较繁复，色泽浓艳，色谱不全（缺绿），价格低廉，色牢度良好	√	√					
还原染料	不溶于水，使用起来较繁复，色泽鲜艳，色谱不全，价格昂贵，色牢度优秀	√	√				√	
可溶性还原染料	溶于水，使用方便，色泽淡艳，色谱不全，价格昂贵，色牢度优秀	√	√					
硫化染料	不溶于水，使用起来较繁复，色泽浓暗，色谱齐全，价格低廉，色牢度良好	√	√					
酸性染料	溶于水，使用方便，色泽较艳，色谱齐全，价格适中，色牢度良好			√	√	√		

染料类别	主要性能	适用对象						
		棉	麻	丝	毛	锦	涤	腈
酸性媒染料及酸性含媒染料	溶于水,使用较方便,色泽较暗,色谱不全,价格适中,色牢度优秀			√	√	√		
分散染料	微溶于水,染色困难,色泽较艳,色谱齐全,价格较高,色牢度优良						√	√
阳离子染料	溶于水,使用方便,色泽浓艳,色谱齐全,价格适中,色牢度优秀							√

3)助剂

染整助剂是指在纤维纺织加工过程中,纺织品前处理、染色、印花、整理及染料后处理过程中使用的除染料和通用化学品(如无机或有机的酸、碱和盐)以外物质的总称。染整助剂主要可划分为前处理助剂、染色助剂、印花助剂和整理助剂。

表1-10列举了染整加工过程所使用的常见助剂。

表1-10   染整加工过程所使用的常见助剂

工段	助剂名称
前处理	洗涤剂、助洗剂、干洗剂、抗再沉积剂、湿润剂、再湿润剂、渗透剂、退浆剂、精练剂、精练助剂、脱胶剂、脱脂剂、漂白剂、漂白助剂、漂白稳定剂、漂白催化剂、上蓝剂、丝光剂、丝光助剂、螯合(分散)剂、酶制剂、脱氯剂、双氧水去除剂、碱减量促进剂
染色	乳化剂、消泡剂、发泡剂、泡沫增效剂、泡沫稳定剂、稳定剂、匀染剂、促染剂、缓染剂、防泳移剂、膨化剂、媒染剂、氧化剂、防氧化剂、还原剂、防还原剂、固色剂、剥色剂、增效剂、增艳剂、增深剂、缚酸剂、稀酸剂、缚碱剂、胶溶剂
印花	黏合剂、增稠剂、交联剂、黏度改进剂、黏度稳定剂、乳化稀释剂、拔染剂、防染剂(防印剂)、保护性氧化剂、皂洗剂、稀释剂、辅助剂
整理	柔软(整理)剂、涂层整理剂、树脂整理剂、防缩整理剂、防皱(整理)剂、免烫整理剂、耐久压烫整理剂、硬挺剂、吸湿排汗整理剂、亲水整理剂、抗静电整理剂、阻燃剂、防水剂、拒水剂、拒油剂、易去污整理剂、抗菌防臭整理剂、防腐剂、防霉整理剂、防螨整理剂、防蛀剂、防虫剂、防紫外线整理剂、防滑移整理剂、防烟熏褪色整理剂、防起毛整理剂、防起球整理剂、抗起毛起球剂、防毡缩整理剂、缩绒剂、丝鸣增效剂、增亮剂、消光剂、遮光剂、增重剂、增溶剂

以纺织染整中常用的助剂有机硅油为例,它是在室温下保持液体状态的线性聚硅氧烷产品,一般为无色(或淡黄色)、无味、无毒、不易挥发的液体,常作为辅助材料使用。按加工状况可分为一次产品和二次产品:一次产品是指加工前的硅油产品,包括羟基硅油、硅官能硅油、碳官能硅油和非活性改性硅油;二次产品是指以硅油为原料,配入增稠剂、表面活性剂、溶剂及添加剂等,并经特定工艺加工成的脂膏状物质、乳液及溶液等产品(如硅脂和硅膏)。有机硅油也可用作织物的柔软、润滑剂、防水剂或整理剂。

常用的染整助剂及其化学性质见表1-11。

表 1-11　常见的染整助剂及其化学性质

助剂名称	所含化学品
渗透剂	蓖麻油酸丁硫酸酯、丁基萘磺酸钠盐、琥珀酸二辛酯磺酸钠、脂肪醇聚氧乙烯醚、烷基酚聚氧乙烯醚、辛醇硫酸酯等
乳化剂	非离子表面活性剂
还原剂	保险粉(连二亚硫酸钠)、吊白块(甲醛次硫酸氢钠)、二氧化硫脲等
氧化剂	间硝基苯磺酸钠等
固色剂	铵盐和高分子季铵盐等
分散剂	磺化油(太古油、土耳其油)、烷基或长链酰氨基苯磺酸钠、烷基酚聚氧乙烯醚、木质素磺酸钠、萘磺酸甲醛缩合物、油酰基聚氨基羧酸盐等
匀染剂	聚氧乙烯醚类表面活性剂
增稠剂	高分子聚乙二醇双醚或双酯,或者由丙烯酸酯共聚的聚丙烯酸酯
黏合剂	合成胶乳如丁二烯、苯乙烯、丙烯腈、醋酸乙烯酯、氯乙烯及丙烯酸酯等的共聚物;自交链基团的聚丙烯酸酯共聚物以及聚氨酯类
树脂整理剂	脲醛树脂、三聚氰胺甲醛树脂、二羟甲基次乙烯脲树脂、二羟甲基二羟基乙烯脲树脂及双羟乙基砜
抗静电剂	聚丙烯酸、聚乙二醇酯及高分子两性化合物
防霉蛀剂	各种铜盐,以及有机酚的衍生物,如五氯酚铜、环烷酸铜、8-羟基喹啉铜以及二羟基二氯二苯基甲烷、水杨酰苯胺等
消泡剂	磷酸三丁酯、辛醇、有机硅的复配物等

1.1.2　印染行业水污染来源及特征

1.1.2.1　我国印染废水排放情况

印染废水是纺织工业废水的主要来源,其中含有纤维原料本身的夹带物以及加工过程中所用的浆料、油剂、染料和化学助剂等,总体而言印染废水具有以下特点:

① COD 和 BOD_5 浓度波动大,COD 浓度高时可达 2000~3000mg/L,BOD_5 浓度也高达 600~900mg/L;

② pH 值高,如硫化染料和还原染料废水 pH 值可达 10 以上,丝光、碱减量废水 pH 值可达 14;

③ 色度大,有机物含量高,含有大量的染料、助剂及浆料,废水黏性大;

④ 水量变化大,根据加工品种、产量的变化,水量波动范围大;

⑤ 水温高,水温一般在 40℃以上,影响废水的生物处理效果。

纺织业各细分行业中印染环节所产生的污染物为行业水污染的主要来源,印染废水的水质与企业的生产工艺和所用染料有关,随纺织品种类不同而有所差异,因此水质波动较大。

纺织业的高污染特性素来备受环保方面的关注。根据《中国环境统计年报》(2015)，纺织业在调查统计的 41 个工业行业中，废水排放量位于第三，2015 年排放 18.4 亿吨，占重点行业总量的 22.3%（表 1-12、图 1-8），排放量前 5 位的省份依次是浙江、江苏、广东、山东和福建，5 个省份纺织业废水排放量为 15.5 亿吨，占重点调查工业企业废水排放量的 83.9%；化学需氧量排放量位于第四，2015 年排放 20.6 万吨，占重点行业总量的 16.0%（表 1-13、图 1-9），排放量较大的省份依次是浙江、广东和江苏，3 个省份纺织业化学需氧量排放量为 13.4 万吨，占重点调查工业企业化学需氧量排放量的 65.3%；氨氮排放量位于第四，2015 年排放量 1.5 万吨，占重点行业总量的 14.3%（表 1-14、图 1-10），排放量较大的省份依次是浙江、广东和江苏，3 个省份纺织业氨氮排放量为 1.0 万吨，占重点调查工业企业氨氮排放量的 65.4%。

表 1-12　重点行业废水排放情况　　　　　　　　单位：亿吨

年份	合计	行业			
		化学原料和化学制品制造业	造纸和纸制品业	纺织业	煤炭开采和洗选业
2011	105.4	28.8	38.2	24.1	14.3
2012	99.6	27.4	34.3	23.7	14.2
2013	90.8	26.6	28.5	21.5	14.3
2014	88.0	26.4	27.6	19.6	14.5
2015	82.6	25.6	23.7	18.4	14.8
变化率/%	−6.1	−7.2	−10.2	−6.1	2.1

注：数据来源于《中国环境统计年报》(2015)。

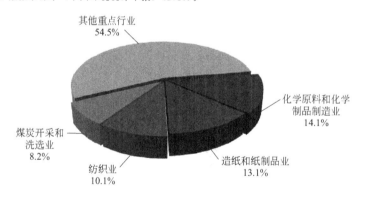

图 1-8　2015 年重点行业废水排放情况

表 1-13　重点行业化学需氧量排放情况　　　　　　单位：万吨

年份	行业				
	合计	农副食品加工业	化学原料和化学制品制造业	造纸和纸制品业	纺织业
2011	191.5	55.3	32.8	74.2	29.2
2012	173.6	51.0	32.5	62.3	27.7
2013	158.0	47.1	32.2	53.3	25.4

续表

年份	行业				
	合计	农副食品加工业	化学原料和化学制品制造业	造纸和纸制品业	纺织业
2014	149.4	44.1	33.6	47.8	23.9
2015	128.9	40.1	34.6	33.5	20.6
变化率/%	−13.7	−9.1	3.0	−29.9	−13.8

注：数据来源于《中国环境统计年报》（2015）。

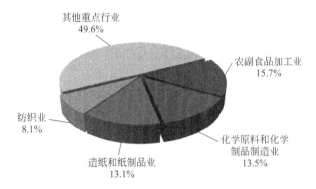

图 1-9 2015 年重点行业化学需氧量排放情况

表 1-14 重点行业氨氮排放情况 单位：万吨

年份	行业				
	合计	化学原料和化学制品制造业	农副食品加工业	石油加工、炼焦和核燃料加工业	纺织业
2011	15.9	9.3	2.1	1.6	2.0
2012	14.4	8.4	1.9	1.5	1.9
2013	13.1	7.6	1.9	1.4	1.8
2014	11.9	6.7	1.9	1.6	1.7
2015	10.5	5.8	1.8	1.5	1.5
变化率/%	−11.8	−13.4	−5.3	−6.3	−11.8

注：数据来源于《中国环境统计年报》（2015）。

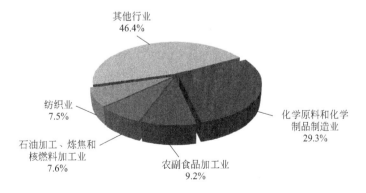

图 1-10 2015 年重点行业氨氮排放情况

据统计，2013年印染行业废水排放量15.02亿立方米，占全国工业废水排放总量的7.86%，排位第三；化学需氧量排放量17.79万吨，占全国工业化学需氧量排放总量的6.23%；氨氮排放量1.26万吨，占全国工业氨氮排放总量的5.63%。印染工业已成为我国污染防治的重点行业之一。2006～2013年印染行业废水及水污染物排放量如表1-15所列。此外，印染行业在生产环节会排放含铬废水和污泥，铬是我国重点防控和排放量控制的重金属之一，印染废水排放量在前的浙江、江苏和广东等省份属于我国重金属污染重点防控区域。2013年印染废水六价铬排放量0.986吨，排名工业第六位，占工业废水六价铬排放总量的1.7%（数据来源于2013年中国环境统计年报）。

表1-15　近年印染行业废水及水污染物排放情况

年份	印染布产量 /亿米	印染废水排放量 /亿吨	化学需氧量排放量 /万吨	氨氮排放量 /万吨
2006	430.31	13.85	22.08	1.17
2007	490.18	15.76	24.14	1.16
2008	494.34	16.16	22.02	1.10
2009	539.80	16.68	22.04	1.13
2010	601.65	17.20	21.00	1.23
2011	593.03	15.85	20.44	1.42
2012	566.02	16.61	19.39	1.33
2013	542.36	15.02	17.79	1.26

注：数据来源于中国印染协会。

截至2017年年底，全国纳入固定污染源排污许可系统的印染行业企业3586家，占全国纳入固定污染源排污许可系统企业总量的16.23%。3586家印染企业分布在27个省（市、自治区），其中江苏省、浙江省、广东省、山东省、福建省以及河北省印染企业数量均超过100家；江苏省数量最多，为990家；浙江省次之，为820家；江苏省和浙江省印染企业数量之和占到全国数量的50.48%。

纳入固定污染源排污许可系统的印染企业分布情况如表1-16所列。

表1-16　排污许可系统中各省份印染企业分布情况

省份	企业数量	百分比/%
江苏省	990	27.61
浙江省	820	22.87
广东省	776	21.64
山东省	278	7.75
福建省	176	4.91
河北省	138	3.85
河南省	72	2.01

省份	企业数量	百分比/%
湖北省	56	1.56
吉林省	40	1.12
安徽省	37	1.03
辽宁省	32	0.89
上海市	31	0.86
江西省	26	0.73
四川省	22	0.61
天津市	20	0.56
内蒙古自治区	18	0.50
湖南省	12	0.33
山西省	11	0.31
广西壮族自治区	8	0.22
重庆市	6	0.17
青海省	4	0.11
宁夏回族自治区	4	0.11
陕西省	3	0.08
云南省	2	0.06
新疆生产建设兵团①	2	0.06
海南省	1	0.03
贵州省	1	0.03
总计	3586	100

① 作为统计的单位，不代表省份。

1.1.2.2　不同印染子行业废水特征

根据印染行业产品种类及织造方式，下文将按"棉及混纺机织物印染""针织物印染""化纤印染""毛印染""丝绸印染"等细分行业进行印染行业水污染特征介绍。

（1）棉及混纺机织物印染

棉及混纺机织物是以棉为主要纤维材料通过机织工艺得到的产品。机织是主要以纱线为原料，经过织前准备，用织机把互相垂直的经纱线、纬纱线按一定交织规律编织成织物的工艺过程。棉及混纺机织物印染的印染流程"棉坯布→烧毛→退浆→煮练→（漂白）→（丝光）→染色、印花→整理→成品"中大多会产生废水，例如退浆废水中含有高浓度的淀粉、聚乙烯醇等浆料，染色、印花废水中含有染料、表面活性剂等污染物，具有水量大、有机污染物浓度高、碱度大、色度大等特点。

典型的棉及混纺机织物印染工艺流程和产污环节如图 1-11 所示。

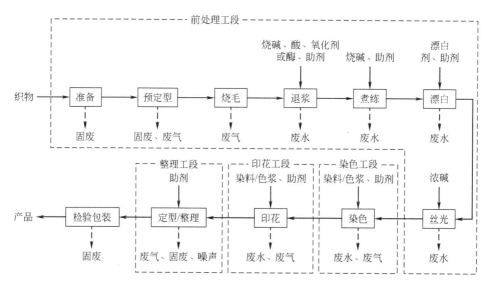

图 1-11　棉及混纺机织物典型印染工艺流程及其产污环节

表 1-17 为近年机织棉及棉混纺机织物印染废水水质概况。

表 1-17　机织棉及棉混纺机织物印染废水水质

产品种类	pH 值	色度/倍	BOD$_5$/(mg/L)	COD/(mg/L)	悬浮物/(mg/L)
纯棉染色、印花产品	9.0～10.0	200～500	300～500	1000～2500	200～400
棉混纺染色、印花产品	8.5～10.0	200～500	300～500	1200～2500	200～400
纯棉漂染产品	10.0～11.0	150～250	150～300	400～1000	200～300
棉混纺漂染产品	9.0～11.0	125～250	200～300	700～1000	100～300

棉及混纺机织物印染的前处理工段包括退浆、煮练、漂白、丝光等工艺。棉织物的浆料是为了使经纱具备良好的弹性，伸长、拉伸强度，耐磨性和柔韧性等可织性，在织造过程中防止经纱断头，提高经纱的强力、耐磨性和光滑度，保证织布能顺利进行。然而坯布上的这些浆料却使织物不吸水，没有渗透性，阻碍染料、化学用剂与纤维接触，并与染料及其他化学试剂发生物理化学反应。因此在煮漂前都要先去除坯布上的浆料，这个过程称为退浆。在棉及化纤混纺机织物的退浆废水中，含有浆料、浆料分解物、纤维屑、酸、碱和酶类等污染物，其废水量较小，但污染物浓度高，COD、BOD$_5$ 和 SS 浓度高达每升数千毫克甚至更高。以淀粉上浆的纯棉织物为例，退浆废水中的 BOD$_5$ 可占整个染整加工废水中 BOD$_5$ 的 45% 左右，BOD$_5$/COD 值可大于 0.6，有利于生物降解。但目前多数采用混合浆料，一般配方为变性淀粉 55%、聚乙烯醇（PVA）25.5%，其他有丙烯酸浆料等。为适应高速纺，现用 PVA 的聚合度较高，常用型号为 1790 和 1799（指醇解度分别为 90% 和 99%、聚合度为 1700），这类 PVA 很难降解，退浆废水 COD 浓度最高可达到

70000mg/L，是棉机织物印染废水中主要污染源。煮练是指用化学的和物理的方法去除杂质、精练提纯纤维的过程。棉纤维生长时，有天然杂质（果胶质、蜡状物质、含氮物质等）伴生。棉织物经退浆后，大部分浆料及部分天然杂质已被去除，但还有少量的浆料以及大部分天然杂质还残留在织物上。这些杂质的存在，使棉织布的布面较黄，渗透性差。同时，由于有棉籽壳的存在，大大影响了棉布的外观质量。故需要将织物在高温的浓碱液中进行较长时间的煮练，以去除残留杂质。棉纤维一般采用烧碱和表面活性剂高温煮练，废水呈强碱性，呈深褐色，COD 及 BOD_5 浓度也高达每升数千毫克。漂白的目的是去除纤维表面和内部的有色杂质。一般情况使用次氯酸钠、双氧水或亚氯酸钠等氧化剂来漂白。如果漂白浴中不含有机性助剂，则漂白废水中 BOD_5 浓度很低。如果采用清浊分流，漂白之后丝光之前的废水可循环使用。丝光是将织物在氢氧化钠浓溶液中进行处理，以提高纤维的张力强度，增加纤维的表面光泽，降低织物的潜在收缩率和提高对染料的亲和力。这类废水碱性很强，pH 值高达 12～13，还含有纤维屑等悬浮物，但 BOD_5 浓度较低，必须要考虑碱的回收。

染色废水主要包括未上染的染料及各类助剂，不同纤维原料需用不同的染料、助剂和染色方法，因此染色废水的变化十分频繁，污染程度差异很大。一般棉及混纺机织物染色废水的 COD 浓度较高，而 COD/BOD_5 值较小。同时，染色废水碱性都很强，如使用硫化染料和还原染料时，废水 pH 值可达 10 以上。不同染色工艺中溢流染色工艺污染负荷较高，为气流染色的污染负荷的 1.5 倍左右。印花废水主要是色浆和各种染料，由于特殊工艺需要使用尿素，易造成氨氮负荷较高。以往花筒镀铬酐，在冲洗花筒时废水因含有花筒剥落的三氧化铬而不能排入污水管道，当三价铬含量在 500mg/L 以上时，必须就地回收处理，但现在已经很少使用这一工艺。

整理指通过物理作用或使用化学药剂改进织物的光泽、形态等外观，提高织物的服用性能或使织物具有拒水、拒油等特性。整理工序的废水，除了含纤维屑之外，还含有各种树脂、甲醛、油剂和浆料；废水量较小。

（2）针织物印染

"十二五"以来，国内经济保持稳健增长，居民收入持续改善，为针织服装等消费提供了较好的经济条件，伴随着消费升级，针织产品在日常服装穿着中得到更多的体现，较之前无论从发展速度还是行业规模都不可同日而语，投资力度和规模均逐年加大，针织行业的发展远远领先于纺织行业的其他领域。近五年行业投资维持增长势头，新建及投资项目对于行业未来 3～5 年的产能与技术进步起到重要推动作用。据国家统计局统计，2017 年针织行业规模以上企业共 5832 家。2017 年 1～12 月针织面料类规上企业完成主营业务收入 3072.27 亿元，同比增长 4.60%。其中，针织面料织造类规上企业主营收入同比增长 5.43%，针织印染类规上企业同比增长 1.33%，针织制品类规上企业同比增长 2.42%。按针织面料类规上企业内外销比例及近两年针织面料出口金额测算，2017 年针织面料类企业主营业务收入实际完成约 6903.73 亿元，同比增长 16.27%。

针织产品可分为两大类：一是针织面料，包括染色和未染色的针织物；二是针织制成品，指除针织或钩针编织服装以外的其他针织产品。这些产品一般以棉、毛、丝、化纤纤维纺成的本色纱线为原料，经织造、印染加工而成。以坯布而论，常见的棉坯布有汗布、棉毛布、罗纹布、绒布等，常见的化纤坯布有黏胶纤维布、涤纶布、腈纶布、锦纶布及涤纶、腈纶、锦纶、氨纶等与棉、黏胶纤维混纺或交织的织物。

针织物的染色通常包括：对坯布进行染色；织造前对针织纱线染色，用染好色的纱线进行色织；纺纱前对纤维原料进行染色，然后将不同色彩的纤维按一定比例混纺，成为色纺。其流程与机织物的印染流程大致相同，但针织物的优势在于穿着舒适、富有弹性，其不足在于尺寸稳定性差于机织物。由于针织物和机织物的织物结构不同，所以针织物和机织物的本身生产性能不同，因此印染时的工艺条件有所不同。

前处理工段包括烧毛、煮练、漂白、丝光（碱缩）等工艺。

1）烧毛

针织物一般不烧毛，但对高级纱棉针织品，采取双烧、双丝前处理工艺，可以获得更高的品质。

2）煮练

由于针织纱在织造前不上浆，所以针织物不像机织物一样需要退浆。针织物和机织物的煮练方式大致相同，由于织物的结构不同，所以处理时精练剂的浓度和处理时间不同。

3）漂白

次氯酸钠漂白、过氧化氢漂白、亚氯酸钠漂白、过氧乙酸漂白、过氧化脲漂白、气相漂白等。

4）丝光（碱缩）

丝光是棉针织物在松弛的状态下，用浓烧碱处理的过程，目的不在于获得光泽，而是增加针织物的组织密度和弹性，主要用于汗布。

针织物和机织物的染色过程和机理大致相同。染色方法一般分为浸染和轧染，主要采用低张力的绳状染色，轧染设备有针织物连续染色机、热熔轧染机等。针织物印花的构成中要努力保证针织物低张力或无张力以维持布面平整。

整理工段包括物理机械整理、化学整理和机械-化学整理。针织物的后整理大部分与机织物相同，主要是整理布身承受张力没有机织物大，棉针织物还有上蜡的过程。

具体工艺流程以棉、麻、涤纶三类不同材质的针织物为例。

棉针织物的印染工艺流程见图 1-12。

图 1-12　棉针织物典型印染工艺流程

麻针织物的印染工艺流程见图 1-13。

图 1-13　麻针织物典型印染工艺流程

涤纶针织物的印染工艺流程见图 1-14。

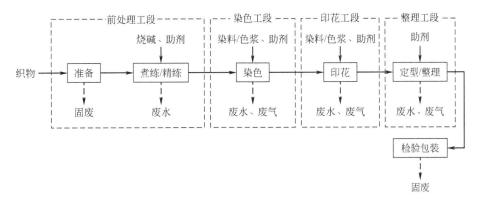

图 1-14　涤纶针织物典型印染工艺流程

针织物印染废水水质如表 1-18 所列。

表 1-18　针织物印染废水水质

产品种类	pH 值	色度/倍	BOD$_5$/(mg/L)	COD/(mg/L)	悬浮物/(mg/L)
纯棉衣衫	9.0~10.5	100~500	200~350	500~850	150~300
涤棉衣衫	7.5~10.5	100~500	200~450	500~1000	150~300
棉为主少量腈纶	9.0~11.0	100~400	150~300	400~850	150~300
弹力袜	6.0~7.5	100~200	100~200	400~700	100~300

　　针织物印染废水主要产排污特征与棉及混纺机织物印染废水类似，主要特点为废水排放量大、水质复杂、COD 值高、色度高及颜色的多变。前处理过程中煮练、漂白、丝光（碱缩）等工艺需使用碱剂及漂白剂，漂洗后需多道水洗。因此前处理工艺消耗水量大、COD 值高、碱度强，污染物主要为纤维中被洗去的蜡质、油脂，以及未反应的碱剂与漂白剂。与棉及混纺机织物的印染相比，针织物织造过程无需

上浆，其前处理工艺较机织物减少退浆工艺，污染排放因此明显下降。

针织物的染色工艺以浸染为主。为了促染需用大量的元明粉、食盐，固色需用大量的纯碱，如染黑色、藏青等深色品种，元明粉用到 $90\% \sim 100\%$（o. w. f）[1]，纯碱用到 $20\% \sim 25\%$（o. w. f），造成染色废水中盐、碱残留浓度高，加上大量的残留染料（活性染料的上色率只有 $70\% \sim 85\%$），构成了染色废水。其污水量大、色度高，加大了污水处理的难度和费用。针织物印花主要采用平网印花、圆网印花、手工台板印花，而采用的印花工艺主要为涂料印花和活性染料印花，也有少量采用转移印花。平网/圆网印花等工艺的污染由漂洗废水及洗网（板）废水组成，主要污染物为未结合的涂料或染料。

针织物的后整理一般采用圆筒和剖幅拉幅两种工艺。剖幅拉幅后整理工艺目前应用较为普遍，单、双面大圆机的坯布，特别是含有氨纶丝的坯布，都经过拉幅定型整理，产生废气污染，主要污染物为颗粒物。若产品进行特种功能整理，如抗菌整理、防静电整理、吸湿速干整理等，污染物则包括以化学整理剂为主的少量整理废水。

（3）化纤印染

印染织物的原料包括棉、麻、丝、毛、化纤等，根据产能情况，化纤、棉纺织品等占据主要的产能。涤纶、腈纶、锦纶、氨纶、维纶、丙纶等合成纤维中，产量最大发展最快的是涤纶。涤纶是一种含聚对苯二甲酸乙二醇酯（简称聚酯或 PET）组分大于 85% 的合成纤维。聚对苯二甲酸乙二醇酯是由对苯二甲酸（PTA）和乙二醇（EG）进行酯化、缩聚反应合成的聚合物，再经过熔融纺丝和后加工而制成涤纶。其广泛用于服装、床上用品、各种装饰面料、国防军工特殊织物等纺织品以及其他工业用纤维制品。

化纤织物的印染流程与棉织物大致相同，不同的是涤纶织物为了改善手感，染色前需经过碱减量处理。其余工艺流程与棉机织物类似，具体流程如图 1-15 所示。

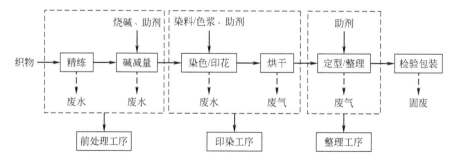

图 1-15　涤纶纤维织物典型印染工艺流程及其产污环节

---

[1]　o.w.f，表示在染色过程中用的染化料与织物的重量比。

化纤织物印染废水水质如表 1-19 所列。

表 1-19　化纤织物印染废水组成

废水类别	占总水量比例/%	COD/(mg/L)	COD 占总量比例/%	处理难易程度
染色废水	88~95	800	40	相对容易
碱减量废水	5~10	10000~80000	54	难
精练废水	1~3	4000~8000	6	较难

化纤织物的前处理工段包括精练及碱减量。精练主要是为了去除化学纤维织物上的杂质，与棉织物的退浆、煮练功能类似，化纤织物上的杂质一般为化学浆料和油剂。涤纶织物在印染加工前，往往需要进行碱减量处理，经过碱减量处理后的涤纶织物在染色性、吸湿性、手感和织物风格等方面都会有明显的改变，使织物具有真丝感。

化纤织物的印染废水的产排污特征主要为废水排放量大、水质复杂、COD 值高、色度高及颜色多变。与棉织物的印染不同，涤纶织物的碱减量处理过程中，聚酯水解产生的乙二醇、对苯二甲酸和各种低聚物以及溶出的锑污染物为化纤印染过程的主要排放特征。化学纤维上浆率低，前处理工序产生废水的污染物浓度比棉织物前处理工序要低很多，前处理废水中主要含有浆料、油剂、碱等污染物。精练在碱性条件下进行，聚酯化学纤维在碱性条件下的精练过程也会发生水解反应。化学纤维织物印染生产过程产生的精练废水 COD 浓度一般在 1000~8000mg/L 之间，pH 值大于 11。碱减量废水主要污染物成分是聚酯水解产生的乙二醇、对苯二甲酸和各种低聚物，该类废水的特点是碱性强、COD 浓度很高，混入印染废水后，形成具有特殊性质的碱减量印染废水。

此外，值得注意的是化纤印染过程中的锑污染物不可忽视，主要来源于碱减量工艺及气流染色工艺。聚对苯二甲酸乙二醇酯（polyethylene terephthalate，PET），俗称涤纶，是世界上产量最大、应用最广泛的合成纤维品种。PET 主要采用对苯二甲酸（terephthalic acid，TA）与乙二醇（ethylene glycol，EG）酯化后再进行缩聚反应制得。为提高产率，锑（antimony，Sb）系催化剂因活性高、热稳定性好、价格便宜等优点，成为目前最为常用的聚酯催化剂之一。然而，生产结束后仍有 150~350μg/g 的锑残留在 PET 中，当后序工艺使得 PET 分子链去紧密规整的结构后，这些催化剂将从纤维内部游离到纤维表面，不断地溶解出来。碱减量工序中，高温强碱性环境使得超过 20% 的涤纶被溶解，固封在纤维中的锑系催化剂也会被溶解于废液中；高温高压染色工序中，远高于涤纶玻璃化温度的染色环境会使得 PET 分子链运动剧烈，纤维内部的催化剂析出溶解。

（4）毛印染

毛印染是指对毛纺织品进行漂白、染色、印花等工序的染整精加工。毛纺产品分粗纺和精纺两种生产工艺。精纺的主要生产工艺是羊毛原毛经过选毛、洗毛、烘干成为洗净毛，再经梳理成为纯毛毛条，然后经过混条、多次梳理成条，纺成粗纱，经细纱机后纺成毛纱线。粗纺生产工艺比精纺生产工艺短，不用制条。羊毛原毛成为洗净毛后经和毛、梳毛直接纺成粗纱，草刺较多的羊毛洗净后还需要炭化除草，经细纱机后纺成毛纱线。毛纱线经过络筒、整经、织布制成毛机织物（也称呢绒）。毛纱线既可以用一种原料进行纺纱，也可以用多种原料经混合后进行纺纱。呢绒一般采用散毛染色、条染、纱染和匹染，一般为间歇式染色。

毛印染过程根据原料及产品不同主要分为毛粗纺织物染色/印花、毛粗纺散毛染色、毛精纺毛条染色，典型工艺流程及其产污环节如图 1-16 和图 1-17 所示。

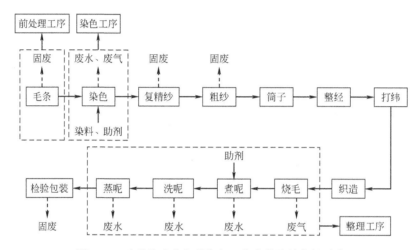

图 1-16　毛精纺毛条典型染色工艺流程及其产污环节

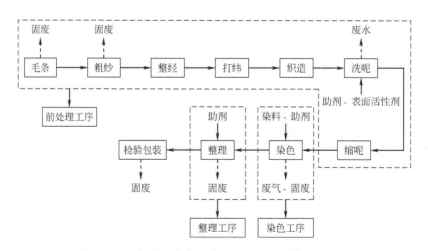

图 1-17　毛粗纺坯染典型染色工艺流程及其产污环节

羊毛等毛纤维本身含有丰富的烃基和氨基，主要采用上染率较高、染色牢度较好的酸性染料和媒介染料（含有铬等重金属），因此毛印染废水中含有特征污染物铬。且毛纺织产品的染色过程大都在酸性或偏酸性条件下进行，其排放的废水经混合后，pH 值为 6.0～7.0。染色过程中的各种助剂，如醋酸、硫酸、红矾（重铬酸钾）、元明粉、柔软剂、匀染剂等，在毛纺织物染色后绝大部分进入废水中。在毛纺印染废水中，染色助剂是构成印染废水中有机污染的主要部分，经测定一般占 80% 以上。此外，毛纺染色废水中含有一定的悬浮物，其中毛精纺产品印染废水中含量低些，但毛粗纺产品或绒线产品印染废水中含量较高，特别是采用散毛染色时，流失的毛纤维较多，需选用必要的预处理设备清除，一般采用滤毛机，具体毛印染废水水质见表 1-20。

表 1-20　毛印染废水水质

废水类型	pH 值	色度 /倍	BOD$_5$ /(mg/L)	COD /(mg/L)	悬浮物 /(mg/L)
炭化后中和	5.0～6.0	—	300～400	80～150	1250～4800
毛粗纺染色	6.0～7.0	100～200	450～850	150～300	200～500
毛精纺染色	6.0～7.0	50～80	250～400	60～180	80～300
绒线染色	6.0～7.0	100～200	200～350	50～100	100～300

与棉印染、化纤印染等类似，毛印染过程产生的污染物也是以 COD 为主，主要来源于染色及印花过程。此外，毛印染过程中产生的 TP 也相对较高，主要来源于染色工序。

（5）丝绸印染

丝绸印染子行业指对蚕丝织品进行漂白、染色、轧光、起绒、缩水或印染等工序的加工。该行业主要产品分为两大类：一类是蚕丝长丝、丝纱线、丝绸、印染丝绸；另一类是绢纺短丝、绢纺纱线、绢纺绸、印染绢纺绸。丝纺织产品的主要原料是桑蚕丝，绢纺产品的主要原料是废茧、废丝。蚕茧经过选茧、煮茧、缫丝、复摇、整理制成丝，然后经过挑选、浸渍、络丝、整经、穿筘、织造制成白坯丝绸，经精练、染色或印花、水洗、后整理制成印染丝绸。废蚕茧、废丝经挑选、精练、水洗、开绵、切绵、梳绵、制条、练条、粗纱、细纱制成绢纺纱线。绢纺绸、印染绢纺绸的生产工艺与丝绸和印染丝绸基本相同，只是在织造之前需浆纱。

丝绸印染子行业可概括为"坯绸→精练（练漂）→染色、印花→整理→成品"，具体流程及其产污环节如图 1-18 所示。

蚕丝在缫丝过程中去除部分丝胶，绢丝在纺丝过程中通过精练也可去除部分丝胶，但在纤维上仍有残留，因此制成的坯布为便于染色需进行精练。丝绸精练除去除剩余的丝胶外，还需去除捻丝和织造过程中沾的油脂、浆料、色浆、染料等，使丝纤维柔软。柞蚕丝坯布精练前应先浸渍去浆，采用皂碱法精练，柞蚕丝经充分脱胶后略带棕黄色。精练过程中所用的酸、碱、漂白剂、表面活性剂和酶的种类很

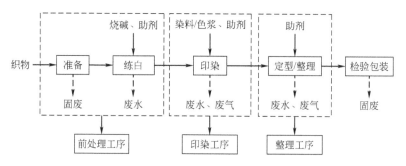

图 1-18   丝纤维织物典型印染工艺流程及其产污环节

多，主要有醋酸、纯碱、烧碱、泡花碱、磷酸三钠、保险粉、双氧水、漂白粉、次氯酸钠、肥皂、合成洗涤剂、雷米邦 A、净洗剂、分散剂、柔软剂、碱性蛋白酶和淀粉酶等。因此，丝绸精练（练漂）过程中主要污染物来源于所用的酸、碱、漂白剂、表面活性剂和酶，加工过程中排出的废液和废水组成练漂废水。练漂废水的有机物质含量高，色度低，偏碱性。丝绢纺织品在染成浅色或制成白色织物时还需进行漂白。漂白采用双氧水等氧化剂，漂白过程产生一定量废水，但其污染物含量较低。

丝绸织物的染色废水主要含有残余的染料和助剂，废水的有机物含量低，但色度较深且多变。弱酸性染料是丝绸染色的主要染料，因此丝绸染色废水偏弱酸性。在印花过程中常用的浆料有小麦淀粉浆、白糊精浆、可溶性淀粉浆、海藻酸钠浆、膨润土浆、羟基甲基纤维素等。采用的主要助剂有尿素、冰醋酸、增白剂、渗透剂等。印花织物蒸化后必须经过水洗，去除织物上的染浆、浮色及浆中其他助剂。印花废水主要是由水洗机排水组成，还有少量调浆和印花台板（机）的地面及设备的冲洗水等。

（6）麻纺织物印染

麻与棉同属纤维素纤维，因此麻或麻的混纺织物与棉或棉的混纺织物印染加工工序基本相同。麻的脱胶工艺及麻纺织品印染加工过程中前处理、染色、印花各工序均产生大量废水。

1.1.2.3   印染废水的危害

由于《太湖流域管理条例》［中华人民共和国国务院令（第 604 号），2011］、《纺织染整工业水污染物排放标准》（GB 4287—2012）、《水污染防治行动计划》（2015）等环保法律法规和标准的严格要求，印染行业的常规污染物如 COD、氨氮、TN 和 TP 等的排放量呈逐年削减的趋势，这些污染物已不再是印染行业污染控制的难点问题。但随着印染行业技术发展和环境科学学科认知的发展，出现了一批新的特征污染物问题。

（1）总锑

锑对人体危害途径主要为吸入和食入，会刺激人的眼、鼻、喉咙及皮肤，持续接触可破坏心脏及肝脏功能，吸入高含量的锑会导致锑中毒，症状包括呕吐、头痛、呼吸困难，严重者可能死亡。在锑冶炼过程中可引起锑尘肺，对皮肤有明显刺激和致敏作用。

国际氧化锑工业协会早年运行的试验表明，老鼠若长时间暴露在含高浓度锑空气中，肺部会产生炎症，进而染上肺癌。虽然至今尚未出现因吸入过量锑而染上肺癌的案例，但仍不排除其对人体的潜在危险。2002年9月，世界卫生组织规定，水中锑含量和日摄入量应小于 $0.86\mu g/L$。日本限定塑料瓶中的锑含量应小于 200×10^{-6}，对热灌装用的饮料，则禁用含锑的塑料瓶。欧盟则规定，食品中的锑含量应小于 20×10^{-9}，环保级 PET 纤维中的锑含量不得大于 260×10^{-6}。根据《危险化学品安全管理条例》，锑受公安部门管制。

纺织染整工业在化纤丝的聚合过程中以乙二醇锑或三氧化二锑作为催化剂，以化纤丝和化纤布为原料的印染、纺织、纤维纺丝工艺遇水均有锑析出。其中纺织和纤维纺丝工艺一般析出的锑较少，印染工艺析出的锑较多，特别是其前处理工艺（退浆和碱减量），由于使用高温高压的环境，析出锑的量较大，一般在 1mg/L 以上，是污水中锑的主要来源。目前纺织染整工业废水中锑污染物国家排放标准较为宽松，纺织染整企业在环保设施设计、建设及运营过程中对锑的污染治理目标不够严格，环保执法监督部门对废水中锑污染物的日常监管也缺乏更为有力的标准作为停产、限产和处罚等措施的法律依据，从而使地表水中锑污染物浓度超标情况时有发生，并常常威胁到饮用水安全。

（2）微塑料

微塑料（Microplastics）污染作为一种新兴的海洋污染问题已经成为全球相关学者研究的热点。微塑料问题在 2015 年被列为环境与生态科学领域亟待研究的第二大科学问题。淡水系统中的微塑料含量要高于海洋环境，同时河流、湖泊及城市污水处理系统也会排放微塑料进入海洋，因此研究微塑料对淡水生物的影响至关重要。来自于纺织品的脱落纤维是微塑料污染的来源之一。由于脱落的合成纤维没有在污水处理厂中被有效截留，通过市政管网的汇集，流入地表河流与湖泊。作为世界上最大的纺织品生产国与消费国，我国地表水体、近海生态系统受到严重的微塑料污染。在合成纤维的整个生命周期中，高聚物合成，经纺丝成型后制备为长丝、短纤，再经纺纱、织造、染整、裁剪、预洗等加工过程制成为各类针织物、机织物、非织造布、绳索等纺织产品，以及在纺织品使用直至最终处置的整个环节中，均有可能成为微塑料污染物排入环境。平均每件纺织品的洗涤脱落排放>1900 根纤维，洗涤水中的微塑料含量为 87～7360 根/m³，而全球约有 8.4 亿台家用洗衣机，每年消耗大约 20km³ 的清洗水，微塑料排放量可达每年 52 万吨。一次性纺织品的直接废弃也是纤维状微塑料的主要排放源。然而，污水处理厂的处理工艺主要针对水中氨氮、COD、BOD、TN、TP 等指标，并未对微塑料这一新型污染物有额外的处理环节，大量微塑料虽然通过污水厂聚集，但仍有 3%～50% 的微塑料进入河流与海洋。

（3）工业园区废水集中处理问题

近年来，随着纺织工业园的兴建，越来越多的染整企业搬迁入园，实现产业整合、集成发展，也实现了污染物排放的统一监管和治理。

园区内的企业主要对其排放的染整废水进行预处理以达到纳管要求。目前园区企业以简单物化处理为主，如果土地条件允许，还可设部分生化处理工艺。对于园区内的集中污水处理厂，接收各企业排入的废水后，以生化＋物化＋深度处理工艺为主，使处理出水达到排放标准要求。

随着水资源的日益紧缺，以及污染物排放总量控制对排水量限制政策的实施，对水的重复利用以及纺织染整废水处理后的回用提出了新要求，企业对废水处理回用的需求也在逐年上升。而要将工业园区内的废水集中处理后回用，则面临着给排水管道设置复杂、回用水质无法达到企业生产用水要求等问题。

1.2 印染行业水污染控制技术分析

1.2.1 印染行业水污染控制相关政策及标准规范

1.2.1.1 国外印染废水排放相关标准特点、应用情况

从美国、德国、欧盟看，针对印染废水处理以最佳实用技术实施，化学需氧量（COD）含量大多控制在 $130 \sim 160 mg/L$，比我国《纺织染整工业水污染物排放标准》（GB 4287—2012）现有企业直接排放宽松。在印染废水定义界定和名称上与我国不完全相同，选用指标也不一样，大多采用最高值和平均值来表示，而我国采用平均值。

（1）德国相关排放标准

按《德国水污染物排放标准》（Federal Ministry for the Environment，Nature Conservation and Nuclear Safety，Germany）中的 Appendix 38——纺织制造和织物整理，几种常见情况下的废水排放要求见表1-21。其中，氨氮和 TN 的要求适用于污水处理厂的生化反应，出水废水温度在 $12℃$ 及以上。混合前的废水排放要求见表1-22。

表 1-21 排放口处排放废水水质标准

项目	随机样或 2h 混合样	单位
COD	160	mg/L
BOD_5	25	mg/L
TP	2	mg/L

项目	随机样或 2h 混合样	单位
氨氮	10	mg/L
TN	20	mg/L
亚硫酸盐	1	mg/L
上染率:不同波长下的光谱吸收率		
436nm(黄色系列)	7	m^{-1}
525nm(红色系列)	5	m^{-1}
620nm(蓝色系列)	3	m^{-1}

表 1-22　混合前的废水排放水质标准

项目	随机样或 2h 混合样	单位
可吸收有机卤素(AOX)	0.5	mg/L
硫化物	1.0	mg/L
总铬	0.5	mg/L
铜	0.5	mg/L
镍	0.5	mg/L
锌	2.0	mg/L
锡	2.0	mg/L

产污点的废水排放要求废水中不可含有:

① 有机氯载体 (染色加速);

② 氯分离漂白物,不包括漂白合成纤维的亚氯酸钠;

③ 使用亚氯酸钠后的游离氯;

④ 砷、水银以及它们的混合物;

⑤ 作为漂洗剂的烷基苯酚 (APEO);

⑥ 酸性染料使用中的 Cr (Ⅵ) 化合物;

⑦ 水处理软化剂中的 EDTA、DTPA 和磷酸酯;

⑧ 累积的化学物质、染料和纺织助剂。

(2) 美国印染排放标准

1) 织物整理废水

这部分标准适用于纺织厂以下各种工序中产生的废水:织物整理,包括漂白、丝光处理、染色、树脂加工、防水整理、后整理等。美国环保局公布的使用最佳实用技术 BPT (Best Practical Control Technology) 治理织物整理废水可以达到的排放要求见表 1-23。

表 1-23 美国 BPT 技术治理的织物整理废水排放限值　　　单位：kg/t 织物

项目	最大值	30d 平均值
BOD$_5$	5.0	2.5
COD	60.0	30.0
TSS	21.8	10.9
硫化物	0.20	0.10
苯酚	0.10	0.05
总铬	0.10	0.05
pH 值	6.0~9.0	6.0~9.0

美国环保局公布的使用最佳可行技术 BAT（Best Available Control Technology）治理织物整理废水要求达到的排放限制见表 1-24。

表 1-24 美国 BAT 技术治理的织物整理废水排放限值　　　单位：kg/t 织物

项目	最大值	30d 平均值
COD	60.0	30.0
硫化物	0.20	0.10
苯酚	0.10	0.05
总铬	0.10	0.05

2）纱线整理废水

这部分标准适用于纺织厂各种工序中产生的废水，主要是纱线染色和整理阶段（包括冲洗、丝光处理、树脂加工、染色和特殊整理）产生的废水。美国环保局公布的使用最佳实用技术 BPT 治理纱线整理废水可以达到的排放要求见表 1-25。

表 1-25 美国 BPT 技术治理的纱线整理废水排放限值

单位：kg/t 织物（pH 值除外）

项目	最大值	30d 平均值
BOD$_5$	6.8	3.4
COD	84.6	42.3
TSS	17.4	8.7
硫化物	0.24	0.12
苯酚	0.12	0.06
总铬	0.12	0.06
pH 值	6.0~9.0	6.0~9.0

美国环保局公布的使用最佳可行技术 BAT 治理纱线整理废水可以达到的排放要求见表 1-26。

表 1-26　美国 BAT 技术治理的纱线整理废水排放限值　　单位：mg/L

项目	最大值	30d 平均值
COD	84.6	42.3
硫化物	0.24	0.12
苯酚	0.12	0.06
总铬	0.12	0.06

（3）欧盟相关排放标准

欧盟并未提出排放标准，而是建议采用纺织染整废水处理的技术。根据 2003 年 6 月欧盟委员会发布的 BAT 在纺织工业中参考文件《综合污染防治与控制》［Integrated Pollution Prevention and Control（IPPC）Reference Document on Best Available Techniques for the Textiles Industry］，纺织工艺及其产生的废水来自前处理、染色、印染、后整理、水洗等工艺，欧盟委员会建议废水处理使用：

① 生化处理后采用深度处理（三级处理），例如活性炭吸附等；

② 结合生物化学法和化学法，用粉末性活性炭、铁盐等；

③ 在活性污泥系统前优先考虑使用臭氧技术。

欧盟没有统一的纺织染整行业水污染物排放标准，其 BAT 导则列出了欧盟国家有机精细化工行业（包括纺织染整行业）的排放状况，COD 排放浓度一般为 120～250mg/L。

（4）日本相关废水排放标准

日本的国家排放标准为综合性排放标准，各工业行业 COD 排放均执行 120mg/L 的限值。日本为控制琵琶湖的水体富营养化，制定了严格的地方标准，现有企业和新建企业 COD 排放分别执行 30mg/L 和 20mg/L 的限值，但这相当于需要采取特别保护措施的地区（特别控制区）。

1.2.1.2　国内相关印染行业排放标准与行业规范

随着节能环保要求的日益提高，国家对纺织染整废水的治理也提出了更高的要求。2015 年 4 月 2 日国务院颁布的《水污染防治行动计划》（即"水十条"）中，将印染行业列入专项整治十大重点行业之一，"制定造纸、焦化、氮肥、有色金属、印染、农副食品加工、原料药制造、制革、农药、电镀等行业专项治理方案，实施清洁化改造"，"鼓励钢铁、纺织印染、造纸、石油石化、化工、制革等高耗水企业废水深度处理回用"。同时，为贯彻落实《中华人民共和国国民经济和社会发展第十三个五年规划纲要》和《中国制造 2025》，促进纺织工业转型升级，创造竞争新优势，工业和信息化部于 2016 年 9 月 20 日发布《纺织工业发展规划（2016—2020 年）》（工信部规〔2016〕305 号）。规划提出：要坚持创新驱动，加大研发设计投入，加快采用先进技术改造提升传统产业，坚持行业发展与资源、要素、环境相适应。形成纺织行业绿色制造体系，清洁生产技术普遍应用，到 2020 年，纺织单位工业增加值能耗累计下降18%，单位工业增加值取水下降23%，主要污染物排放总量下降10%。突破一批废旧纺织品回收利用关键共性技术，循环利用纺织纤维量占全部纤维加工量比重继续增加。

2012年发布的《纺织染整工业水污染物排放标准》（GB 4287—2012）与其2015年修改单（2015第19号公告和2015第41号公告）替代已使用20年的《纺织染整工业水污染物排放标准》（GB 4287—92）。《缫丝工业水污染物排放标准》（GB 28936—2012）、《毛纺工业水污染物排放标准》（GB 28937—2012）、《麻纺工业水污染物排放标准》（GB 28938—2012）其余三项标准也于2012年9月颁布，2013年1月1日正式实施，建立了较为完善的污染物排放标准体系。然而，随着我国纺织企业的空间集聚、纺织工业园区的不断增加、生产工艺的日新月异以及相关产业技术政策不断更新替代，排放标准在实施过程中遇到了一些问题。为了完善纺织工业污染物排放政策标准体系，更加科学有效地控制纺织工业污染物排放，结合纺织工业污染物产生和排放特点，将《纺织染整工业水污染物排放标准》（GB 4287—2012）、《缫丝工业水污染物排放标准》（GB 28936—2012）、《毛纺工业水污染物排放标准》（GB 28937—2012）、《麻纺工业水污染物排放标准》（GB 28938—2012）四项标准进行修订合并，形成了《纺织工业水污染物排放标准》，目前正在征求意见中，以进一步规范纺织工业企业的环境行为，促进各项污染物稳定达标排放，切实保护环境质量。

我国部分现行纺织印染行业相关环保标准清单见表1-27。

表 1-27　我国部分现行纺织印染行业相关环保标准

1	《纺织染整工业水污染物排放标准》（GB 4287—2012）及其修改单、公告
2	《节水型企业纺织染整行业》（GB/T 26923—2011）
3	《缫丝工业水污染物排放标准》（GB 28936—2012）
4	《毛纺工业水污染物排放标准》（GB 28937—2012）
5	《麻纺工业水污染物排放标准》（GB 28938—2012）
6	《纺织污水膜法处理与回用技术规范》（GB/T 30888—2014）
7	《纺织工业企业环境保护设计规范》（GB 50425—2008）
8	《清洁生产标准纺织业（棉印染）》（HJ/T 185—2006）
9	《纺织染整工业废水治理工程技术规范》（HJ 471—2020）
10	《建设项目竣工环境保护验收技术规范　纺织染整》（HJ 709—2014）
11	《排污许可证申请与核发技术规范　纺织印染工业》（HJ 861—2017）
12	《排污单位自行监测技术指南　纺织印染工业》（HJ 879—2017）
13	《污染源源强核算技术指南　纺织印染工业》（HJ 990—2018）
14	《山东省纺织染整工业水污染物排放标准》（DB 37/533—2005）
15	《江苏省纺织染整工业水污染物排放标准》（DB 32/670—2004）
16	《印染行业准入条件》（工消费[2010]第93号）
17	《印染企业综合能耗计算办法及基本定额》（FZ/T 01002—2010）

纺织行业系列排放标准的颁布实施，引导企业积极进行提标改造，加快了清洁生产工艺、污染防治技术的研发应用推广，废水处理设施得到快速升级改造，废水、化学需氧量、氨氮等总量控制污染物排放量得以显著削减。2015 年环境保护统计结果显示：我国纺织行业废水排放量比 2011 年减少 23.7%，化学需氧量排放减少了 29.5%，氨氮排放量减少 9.3%。排放标准的实施初见成效，是纺织行业可持续健康发展的重要保障。

（1）《纺织染整工业水污染物排放标准》（GB 4287—2012）及其修改单

1992 年，《纺织染整工业水污染物排放标准》（GB 4287—1992）首次发布实施。为了更好地发挥标准对企业废水治理的指导作用，并加强印染行业污染控制，《纺织染整工业水污染物排放标准》（GB 4287—2012）于 2012 年 11 月正式发布，并于 2015 年 3 月发布了标准修改单（环境保护部公告 2015 年第 19 号）及 2015 年 6 月发布了部分指标执行要求的公告（环境保护部公告 2015 年第 41 号），对纺织染整废水的排放要求进一步提高。新旧标准的限值比较分别见表 1-28 和表 1-29。

表 1-28　直接排放标准限值比较　　单位：mg/L

污染物项目	1992 版标准	2012 版标准	变化情况
COD	100	80	加严
BOD_5	25	20	加严
pH 值	6～9	6～9	不变
色度(稀释倍数)	40	50	放宽
悬浮物	70	50	加严
氨氮	15	10	加严
总氮	—	15	新增
总磷	—	0.5	新增
硫化物	1.0	0.5	加严
六价铬	0.5	0.5	不变
铜	0.5	—	删除
苯胺类	1.0	1.0	不变
二氧化氯	0.5	0.5	不变
可吸附有机卤素(AOX)	—	12	新增
总锑	—	0.1	新增

表 1-29　间接排放标准限值比较　　单位：mg/L

污染物项目	1992 版标准	2012 版标准	变化情况
COD	500	500	不变
BOD_5	300	150	加严
pH 值	6～9	6～9	不变

污染物项目	1992版标准	2012版标准	变化情况
色度（稀释倍数）	—	80	新增
悬浮物	400	100	加严
氨氮	—	20	新增
总氮	—	30	新增
总磷	—	1.5	新增
硫化物	2.0	0.5	加严
六价铬	0.5	0.5	不变
铜	2.0	—	删除
苯胺类	5.0	1.0	加严
二氧化氯	0.5	0.5	不变
可吸附有机卤素（AOX）	—	12	新增
总锑	—	0.1	新增

《纺织染整工业水污染物排放标准》（GB 4287—2012）直接排放限值中加严了对 COD、BOD_5、悬浮物、氨氮和硫化物等多项指标的要求，还增加了 TN、TP、可吸附有机卤素（AOX）及总锑等指标限值，间接排放限值也加严并新增了多项指标。原来应用的纺织染整工业废水处理技术已难以满足新标准要求，需要在原有技术基础上对工艺进行改进，或者进一步深度处理，才能达到排放要求。

（2）《纺织染整工业废水治理工程技术规范》（HJ 471—2020）

为适应《纺织染整工业水污染物排放标准》（GB 4287—2012）及"水十条"要求，《纺织染整工业废水治理工程技术规范》（HJ 471—2020）在 HJ 471—2009 基础上进行了修订。该标准适用于《纺织染整工业水污染物排放标准》（GB 4287—2012）相对应的纺织染整企业废水达标处理以及工业园区的染整废水预处理和集中处理工程的技术方案选择、工程设计、施工、验收、运行等的全过程管理，可作为环境影响评价、环境保护设施设计与施工、建设项目竣工环境保护验收及建成后运行与管理的技术依据。

该标准是针对《纺织染整工业废水治理工程技术规范》（HJ 471—2009）的修编。由于纺织染整工业废水的处理技术将随着环保管理要求而不断发展与创新，新技术不断应用，因此该标准中的相关技术内容会发生相应的变化，技术要求也应随之进行调整。因此，建议在该标准实施过程中，广泛听取和收集各方面的意见与建议，根据实际应用情况对该标准进行不断的修订与完善，使其实用性和可操作性不断提高，不断满足环境管理的需要。

主要修订的内容如下：

① 根据近年水质水量的变化，调研目前染整废水处理的成功案例以及需要吸取的经验教训，在常规处理中对相应的处理技术工艺参数进行修订；

② 针对排放标准 COD 浓度为 80mg/L 的要求，对常规处理后的深度处理新技术，如膜分离技术、高级氧化技术、活性炭吸附技术等工艺内容及参数确定进行详细描述；

③ 提出切实可行的回用技术，指导企业实现真正的废水处理后回用；

④ 针对企业废水预处理的需求，如占地面积小、特征污染物去除效率高、投资成本和运行成本低等，提出适合的预处理技术；

⑤ 针对企业用水的特点以及回用水质的要求，提出废水重复利用的建议，以及废水回用处理技术等工艺内容及参数确定。

(3)《排污许可证申请与核发技术规范　纺织印染工业》（HJ 861—2017）

为落实《国务院办公厅关于印发控制污染物排放许可制实施方案的通知》（国办发〔2016〕81 号），加快建立和完善覆盖所有固定污染源的企事业单位控制污染物排放许可制，《排污许可证申请与核发技术规范　纺织印染工业》（HJ 861—2017）于 2017 年 10 月正式实施，从国家层面统一印染行业排污许可管理的相关规定，主要用于指导当前各地印染企业排污许可证申请与核发等工作，是实现排污许可证覆盖印染行业固定污染源的重要支撑。

该标准规定了纺织印染工业排污许可证申请与核发的基本情况填报要求、许可排放限值确定、实际排放量核算和合规判定的方法，以及自行监测、环境管理台账与排污许可证执行报告等环境管理要求，提出了纺织印染工业污染防治可行技术要求。

该标准适用于指导纺织印染工业排污许可证的申请、核发与监管工作，适用于指导纺织印染工业排污单位填报《关于印发〈排污许可证管理暂行规定〉的通知》（环水体〔2016〕186 号）中附 2《排污许可证申请表》及在全国排污许可证管理信息平台申报系统填报相关申请信息，适用于指导核发机关审核确定纺织印染工业排污许可证许可要求。

该标准适用于纺织印染工业排污单位排放的水污染物和大气污染物的排污许可管理。具体包括《国民经济行业分类》（GB/T 4754）中的棉纺织及印染精加工（编号：171），毛纺织及染整精加工（编号：172），麻纺织及染整精加工（编号：173），丝绢纺织及印染精加工（编号：174），化纤纺织及印染精加工（编号：175），纺织服装、服饰业（编号：18）。

(4)《排污单位自行监测技术指南　纺织印染工业》（HJ 879—2017）

企业自行监测是污染源监测工作的一个重要组成部分，是掌握企业排污状况和排污趋势的手段，其监测结果和资料是开展企业环境信息公开工作的重要依据。2017 年 12 月颁布了《排污单位自行监测技术指南　纺织印染工业》（HJ 879—2017）。该标准在自行监测的一般要求、监测方案的制定、信息记录和报告等方面做出了详细的规定，指导纺织染整企业在生产运行阶段对其排放的水污染物、大气污染物、噪声及对周边环境质量的影响开展自行监测，不仅为评价排污单位治污效果、排污状况提供重要依据，也可为污染源达标状况判定、排放量核算等提供有力支撑。

(5)《纺织污水膜法处理与回用技术规范》(GB/T 30888—2014)

《纺织污水膜法处理与回用技术规范》(GB/T 30888—2014)规定了纺织废水膜法处理的工艺选择原则、预处理、膜法处理及回用等要求，适用于采用废水膜法处理与回用技术的纺织企业，可作为企业废水达标排放、回用于生产的技术依据，尤其是对不同处理方法的出水水质给出了定量的限值，有利于纺织企业更加科学合理地应用膜法处理污水。

(6)《污染源源强核算技术指南　纺织印染工业》(HJ 990—2018)

为支撑建设项目环境影响评价体系和推行排污许可证制度，《污染源源强核算技术指南　纺织印染工业》(HJ 990—2018)规定了染整行业污水、废气、噪声、固体废物污染源强核算的基本原则、内容、核算方法及要求。对于新建（改、扩建）企业，一些环评文件中源强参数取值随意性较大，估算的排放量往往与实际排放量偏差较大，该标准可以提供合理可行的核算方法，避免不合理的数据给后续环境管理带来诸多麻烦乃至带来严重的环境污染问题。

1.2.2 印染行业水污染控制的难点

1.2.2.1 印染行业水污染控制存在的问题

由于历史原因，我国印染企业规模过小、数量太多，与其他发达国家先进印染集聚生产地区相比，在集约规模、工艺装备、废水排放、经济效益等方面都存在相当大的差距。

印染行业水污染控制存在的问题可以总结为以下几点。

(1)资金投入不足

与欧美等发达国家相对比，我国印染产品档次相对较低，产品附加值较少，压缩了印染企业的利润空间。印染行业废水处理成本较高，相关企业为了保证自身的经济收益，会减少在废水处理方面的资金投入。这就使得印染行业废水处理层次、质量以及成本控制与欧美等国家之间存在着较大差距，进一步限制了印染行业的竞争能力，对于印染企业自身的发展带来极为不利的影响。

(2)水耗较高

目前我国印染行业每吨产品平均用水量在 80～100t 之间，每年排放废水总量约 18 亿吨。虽然近些年来，地方政府与企业逐步扭转了传统的生产、处理理念，采取更为现代化的生产、处理工艺，但是从实际效果来看，废水处理的能耗仍然较高，从相关部门公布的数据来看，废水中的染料、浆料以及淡碱物质回收率仍较低，这一问题如果得不到有效解决，将直接影响印染废水的可生化性，造成水资源的浪费。

（3）废水管理方式较为粗放

受制于多种因素的影响，我国大多数印染企业在废水管理方面存在着一定的问题，粗放的管理方式导致印染行业难以控制能耗，造成不必要的资源浪费与费用支出。同时，缺乏科学高效的管理手段，也使得废水处理效果不佳，对于废水之中含有的洗涤剂、染料以及浆料难以高效处理，造成废水处理成本的增加，对后续印染行业废水处理工作的开展带来极为不利的影响。

1.2.2.2 印染行业水污染控制的难点

（1）升级治理技术以适应日益提高的排放要求

在2012年的排放标准中，直接排放COD限值从1992年标准中的100mg/L降低到80mg/L，而在环境敏感地区，如纺织染整集聚区的太湖流域，要求COD浓度低于60mg/L。自行处理废水的染整企业和园区集中污水处理厂的传统生化＋物化处理出水无法达到现行排放标准，使废水处理工艺设施普遍面临升级改造的问题。对于80mg/L的COD排放限值，可对现有设施进行改造，通过调整工艺参数、强化水解酸化和生化处理、增加处理环节来满足排放要求；而如果COD排放限值为60mg/L，则更关注深度处理技术，即在原有处理设施后再进行深度处理才能达到排放要求；同样，其他限值加严的指标也同样面临着工艺设施升级改造的问题。

印染废水中COD占比较高，企业在进行废水处理的过程中，往往采用增加絮凝剂或者生化反应时间的方式来保证废水的科学高效处理。但是这种治理技术所占空间较大，处理周期较长，成本较高，这种情况的出现无疑会影响印染行业的利润空间。因此印染企业在废水处理的过程中，应当着眼于实际，促进技术升级、优化，充分提升印染行业废水处理效能，保证整个废水处理工作的有序进行。"生化＋物化"技术已有150年历史，膜技术和芬顿技术也有80多年应用历史，虽然还在改进，但成果并不显著。新的理念和技术已经产生，其中就包括"清污分流、分质处理、分质回用"，相应技术已有工程实例运用，但是尚未普及，而且对印染废水大幅度回用中盐的影响尚未足够重视，需要完善工程实例，然后推广。

（2）针对园区企业的废水预处理工艺技术指导

对于目前大力发展建设的纺织染整园区，要求园区内的企业废水进行预处理，达到间接排放标准后纳管进入集中污水处理厂。传统染整废水处理技术以水解酸化＋好氧生化为主，其特点是运行成本低、处理时间长、占地面积大、处理出水COD浓度能达到100mg/L左右。但该类技术明显不适合园区内土地面积有限、处理出水要求不高的企业。因此，对园区内新建或改建的染整企业，应结合不同织物产品的废水特性，提出合适的废水预处理方案，如对新建企业提出清浊分流、废水分质处理的方法等，使园区企业的废水预处理能尽量做到投资和运行成本低、占地面积小、废水处理效果好。

（3）回用处理工艺的技术开发及指导

随着水资源的日益紧缺，以及污染物排放总量控制对排水量限制政策的实施，对水的重复利用以及纺织染整废水处理后的回用提出了新要求，企业对废水处理回用的需求也在逐年上升。但目前缺乏系统的、全面的指导废水重复利用以及废水回用处理的技术指导文件。因此，为与时俱进地推进纺织染整工业废水治理工作，与排放标准及"水十条"相互匹配，对典型印染废水控制技术进行梳理与归纳，建立印染废水全过程控制成套集成技术十分必要并具有重要意义。

1.2.3 印染行业水污染控制技术概述

1.2.3.1 生产过程节水减排技术

（1）前处理工艺节水减排技术

1）精练酶一步一浴法前处理技术

精练酶一步一浴法前处理技术采用由多种酶复合的多功能精练酶，具有高度专一性与严格的选择性，高温条件下具有强渗透作用，膨化降解涤棉织物上的混合浆料，有效去除纤维棉籽壳、灰分、蜡脂等杂质。其能够与双氧水同浴，不使用碱剂，减少对纤维的损伤，织物克重损失小，强力降低少；织物半成品的各项指标满足染色印花的要求，且染色印花后的色牢度、断裂强力、手感、克重等不低于传统工艺，降低废水排放的 pH 值，同时对浆料等高分子物质具有降解效果，能提高废水可生化性。该技术将传统退煮漂工艺流程缩短，不需要使用烧碱，综合能耗降低近 50%，废水排放 COD 量降低约 50%，适用于纯棉及涤棉混纺织物的前处理。

2）冷轧堆一步法前处理技术

冷轧堆一步法，又称短流程工艺，是针对不同织物一次性通过投加复合型高效退浆剂、高效煮练剂等，经过一定时间堆置，最后通过漂洗完成前处理。其适用于纯棉织物、棉麻混纺织物、化纤织物、化纤混纺织物的前处理，在总体不增加化学助剂使用成本的基础上可节约蒸汽 50%~80%，节水 30%~60%。

3）双氧水漂白技术

该技术利用双氧水氧化去除织物纤维中的色素，可避免因使用含氯漂白剂而产生的有机卤化物，织物白度好，生产过程中不产生有害气体。双氧水漂白效果与浓度、温度、时间、pH 值等因素有关，浓度宜控制在 2~6g/L，温度控制在 90~100℃，漂白时间为 45~60min；为了保证漂液 pH 值为 10~11，需要用烧碱调节pH 值，一般用量为 1~2g/L。一般采用平幅连续汽蒸工艺，也可采用间歇式卷染机漂白或溢流机漂白，还能适应短流程碱氧一浴工艺、退煮漂一浴工艺及酶氧煮漂一浴工艺。此工艺不产生额外污染物，但需采用不锈钢材质设备，成本较使用含氯漂白剂为高。

（2）染色工艺节水减排技术

1）气流染色技术

气流染色技术利用空气动力学原理，将高压鼓风机产生的高速气流注入喷嘴，同时另一管路向喷嘴注入染液，染液与高速气流在喷嘴中相遇并混合形成雾状微细液滴后喷向织物，使得染液与织物可以在很短的时间内充分接触，以达到均匀染色的目的。该技术中，水只作为染化料载体，以高速气流带动织物运行，气雾与液流具有更好的渗透性。该技术浴比小，染液循环频率高，一般棉纺织物浴比是 1：（3.5～4）、化纤织物 1：（2.5～3），助剂可节约 35%～50%、染料节约 2%～5%。对纯棉织物染色基准排水量为 40～45m³/t 织物，对于涤纶织物染色基准排水量为 20～25m³/t 织物。气流染色排污量相当于传统液流染色排放量的30%～50%。

2）气液染色技术

气液染色是以循环气流牵引织物循环，组合式染液喷嘴进行染液与被染织物交换，完成染料对织物上染过程。织物首先与喷嘴染液进行交换，向织物纤维提供单次循环所需的染料上染量，织物与染液交换后再经提布辊进入气流喷嘴，受到气流的渗透压作用，进一步提高织物上染料分布的均匀性。该技术工艺操作简单，具有显著的节水和节电效果，充分发挥气流和染液各自对染色过程的作用；同时，节水节电效果显著，与气流染色相比，循环风机额定功率降低了 50%。

3）冷轧堆染色技术

冷轧堆染色指织物在低温下通过浸轧染液和碱液，利用轧辊压轧作用使染液吸附在织物纤维表面，然后进行打卷堆置，在室温下堆置一定时间并缓慢转动，使之完成染料的吸附、扩散和固色过程，最后水洗完成上染的染色方式。该工艺包括浸轧工作液、堆置固色、水洗三个阶段。冷轧堆染色技术工艺流程短、设备简单，因不需烘干和汽蒸工序而能耗较低；同时，该技术还具有浴比小、上色率高的优点，产生废水量少，对环境污染小。

4）小浴比匀流染色技术

小浴比匀流染色技术，是在超低浴比条件下实现彻底稀释、溶解均匀的染液和织物纤维的染色过程。匀流染色机通过在染机主缸底部增加横向循环泵，将染机中的染液进行纵向及横向双向循环，加速染液之间的交换速度，增加染液交换频次，加快染液混合与搅拌作用，该工艺过程的染化料稀释、溶解效果可达到传统染色机的 8 倍。该技术浴比为（1：4）～（1：4.5），基准排水量为 25～50m³/t 织物，节约大量用水和蒸汽，并减少了废水排放量。匀流染色机属于溢流染机，不同于气流染机需要高负荷电机驱动风机来带动织物运行，因此电耗较低。

5）涂料染色技术

涂料染色技术是将不溶于水的颜料借助于黏合剂的作用使其固着在织物上的一种特殊染色工艺，工艺流程为：涂料工作液配制—织物浸轧—预烘—焙烘—成品。该工艺可分为涂料轧染和涂料浸染两种，涂料染色适用于各类纤维的染色加工，色谱选择广泛，能源消耗低，基本不产生废水。涂料轧染适合大批量生产，工艺流程短，操作简单，生产效率高，无需水洗，适合中浅色品种的染色。染化料利用率高，一般不产生生产废水。

（3）印花工艺节水减排技术

1）转移印花技术

转移印花技术是指先将染料色料印在纸等材料上，然后经热压等方式使图案中的染料转移到织物上，固着形成图案的印花技术。转移印花有升华法、泳移法、熔融法和油墨层剥离法等，应用较多的为分散染料的干法转移印花。干法转移印花技术基于分散染料的升华特性，选择升华温度段在150～230℃的分散染料与浆料混合制成"色墨"，在转印纸上印刷设计图案，然后将转印纸与织物紧密接触，控制一定温度、压力和接触时间将染料从转印纸转移到织物上并扩散进入织物内部，从而实现着色。该技术产生VOCs，而且残留染料难以回收。该技术具有工艺流程短，印后即是成品，不需要蒸化、水洗等处理过程。

2）数码喷墨印花技术

数码喷墨印花技术是将各种数字化手段如扫描、数字相片、图像或计算机制作处理的各种数字化图案输入计算机，再通过电脑分色印花系统处理后，利用数码印花机将各种专用染料直接喷印到各种织物或其他介质上。在经过蒸化、水洗、拉幅烘干、定型等处理加工后，可在各种纺织面料上获得所需的各种高精度的印花产品。该技术节省墨水用量，能够满足多品种、个性化生产，印花过程无废水废液产生。与传统印花技术相比，染料用量下降约60%，电耗下降约50%。

（4）整理工序节水减排技术

1）泡沫整理技术

泡沫整理技术为将含有发泡剂的整理液发泡后施加于织物表面并透入织物内部的一种整理加工方法。泡沫整理技术以空气取代配置整理液时所需的水，整理液的低含水率可节约染化料，减少污染物和废水排放，并提高烘干效率。该过程中仅产生少量工作液，多数情况可以回用，工艺过程可以实现无废水排放；柔软加工可避免常规加工方法中由于过高的轧车的压力，而造成纺织品纱线之间微真空状态，从而使手感更柔软。

2）液氨整理技术

液氨整理为将烘干后的织物（梭织布或针织布）送入液氨整理机内浸轧液氨，使其浸氨匀透并瞬时吸氨，浸轧液氨的温度为-34℃。浸轧液氨后的梭织布再进入反应室内，通过上下导布辊使织物停留时间延长，与氨充分反应，同时蒸发织物上的余氨，织物再进入加热烘筒进一步去除残留在织物上的氨。该技术较碱丝光液氨整理的纤维性能更好。该过程中产生的含氨气体采用水吸收法进行氨回收，即把反应室和加热烘筒排出的含氨气体送至洗涤吸收塔，用水吸收气体中的氨，制得稀氨水；稀氨水通过蒸馏塔进行浓缩，制成浓氨水；浓氨水经精馏得浓氨气，再经加压和冷凝制成液氨，经储存罐暂存后实现循环利用。液氨整理能够实现液氨的循环利用，不产生废碱液和丝光废水。

　　3）水性涂层整理技术

　　涂层整理技术是一种新型的纺织品后整理技术，是在织物表面涂一层能形成薄膜的高分子化合物，使织物表面改变风格和色泽，或赋予各种功能，以提高产品附加值的整理技术。不同于传统的定型浸轧，涂层仅部分浸入织物或者完全不浸入织物内部，节约染化料，主要工艺过程包括轧光、涂布、烘燥和焙烘，一般可以不用水洗，节约大量能源和用水。可用于涂层的高分子材料主要有溶剂型、水溶型和水分散型，与溶剂型材料水相比，水分散型材料具有操作简单、产品覆盖面宽等优势。水性涂层整理技术可节约能源，工艺过程废水排放量少，甚至无废水排放。

1.2.3.2　末端污染治理技术

　　（1）印染废水处理技术概述

　　根据印染企业生产工艺特点，生产废水以间歇排放形式为主，并且不同生产工段产生的水量水质差别显著。随着近年来纳管排放的要求日趋严格，以及废水回用甚至"零排放"要求的提出，印染行业水污染控制技术的发展主要集中于针对不同水质的预处理以及深度处理技术。

　　《纺织染整工业废水治理工程技术规范》（HJ 471—2020）中指出，根据污染物来源及性质、现行国家和地方有关排放标准、回用要求等确定废水处理目标，一般工艺流程示意见图 1-19。综合废水经常规处理后达到间接排放要求，纳管后进入后续污水集中处理厂进一步处理，经常规处理和深度处理后达到直接排放要求。根据回用水质和水量要求，可将清污分流后的低浓度有机废水经处理后直接回用，或者综合废水经常规处理并结合回用处理后回用。

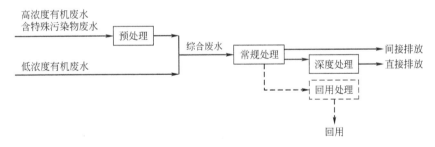

图 1-19　印染废水处理一般工艺流程示意

　　目前我国纺织印染废水的主要技术路线以生物处理技术为主、物理化学处理技术为辅。印染废水的常规处理包括收集调节、预处理、物化处理、生化处理、污泥处理等。具体工艺流程见图 1-20。依据《排污许可证申请与核发规范　纺织印染工业》（HJ 861—2017），印染废水处理的可行技术如表 1-30 所列。根据织物原料、产品种类、水质特点、受纳水体的环境功能、当地的排放要求和水的回收利用情况，经过技术经济比较后选择和采用合理的印染废水处理工艺。印染行业全过程水污染控制应当从生产过程的节水减排技术及末端污染治理两部分结合，以最大限度地推进污染减排。

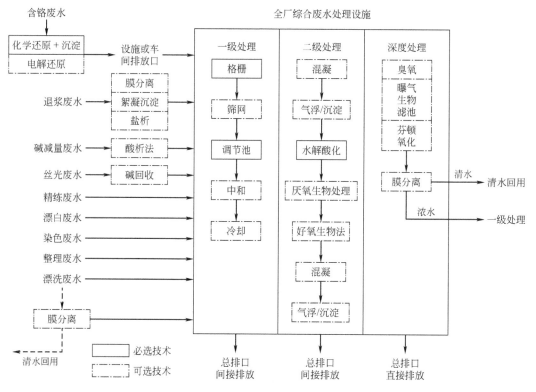

图 1-20　印染废水常规处理工艺流程

表 1-30　纺织印染工业废水末端治理技术参照表

废水类型	可行技术	备注
退浆废水	膜分离、絮凝沉淀	可资源回收生产废水可直接排入全厂综合废水处理设施
碱减量废水	酸析法、盐析法	
综合废水	一级处理：格栅、捞毛机、中和、混凝、气浮、沉淀	执行间接排放标准的需经一级＋二级处理；执行直接排放标准的需经一级＋二级＋深度处理。每级处理工艺中技术至少选择一种
	二级处理：水解酸化、厌氧生物法、好氧生物法	
	深度处理：曝气生物滤池、臭氧、芬顿氧化、滤池、离子交换、树脂过滤、膜分离、人工湿地、活性炭吸附、蒸发结晶	

在我国产业和环保政策的引导下，集中式的工业集聚区快速兴起，如纺织染整工业园、电镀工业园、食品工业园、电子信息工业园和化工工业园等。在纺织工业中，目前集中式的染整工业园较为常见，还有一部分是以纺织长丝织造的小型工业集聚区，其他行业的工业集聚区相对较少。在常见的染整工业集聚区，采用废水集中治理的模式具有比分散治理很多的优势，例如总基建投资低、运行管理费用低、可采用专业化的操作维护管理、环境行政管理方便等。这种处理模式不仅解决了集

聚区企业负担，而且也给环境管理部门带来方便，通过集中管网管理杜绝企业偷排现象，提高运行管理水平和达标排放率，符合环保部门提出的在污染治理上采用集中与分散相结合的治理方针，具有良好的环境效益、社会效益与经济效益。因此，纺织染整工业集聚区废水集中处理已经形成一种趋势。

目前国内的纺织染整污水集中处理设施一般也常采用物化、生化相结合的工艺技术路线，具体处理工艺与个体企业类似。集聚区集中污水处理设施以直接排放为主，大多采用三级处理路线，包括物化处理、生物处理与深度处理。

① 物化处理主要包括调节池、混凝沉淀、生物吸附、气浮等，主要实现对废水均质，降温，去除废水中悬浮物、色度与部分 COD。其中混凝沉淀、气浮等是最常见的处理技术。

② 生物处理以生化处理为主，工艺相对较为类似，主要包括水解酸化提高可生化性，再接好氧处理，只是对于水解酸化，有不同的水解反应器设计，好氧段根据来水中其他企业可能引入的总氮与/或磷，需要设置反硝化与/或除磷单元。

③ 为了稳定达到排放限值，集聚区的污水处理设施一般都设置了深度处理，普遍采用较多的是混凝沉淀预处理，再通过曝气生物滤池、臭氧氧化、化学絮凝等进行进一步降解或脱氮除磷。如太湖流域 20 家涉及印染废水处理的集中区设施中，采用絮凝沉淀结合过滤的深度处理技术的占到 45%，其余有约 45% 采用曝气生物滤池作为深度处理。

（2）高浓度有机废水预处理技术

1）涤纶碱减量废水的处理技术

涤纶织物前处理中的碱减量等工段废水含有大量对苯二甲酸或小分子量聚酯，COD 浓度高、碱性大、可生化性差。通常使用酸析法进行处理，调节废水 pH 值至 3~5，使得对苯二甲酸或小分子量聚酯从溶解态或胶体态转化为悬浮态，再使用精密滤网过滤分离。该技术对对苯二甲酸的去除率可达 70%~99%，COD 的去除率达 50%~70%。

2）退浆精练废水的处理技术

退浆废水含有大量聚乙烯醇（PVA）、改性淀粉、丙烯酸类、聚酯类等浆料，COD 浓度高。PVA 含量高的退浆废水可生化性差，可独立收集后，采用盐析法将析出的 PVA 浆料进行过滤分离，将滤液与其他废水混合处理，以降低后续处理的难度。

（3）特征污染物废水预处理技术

1）高氨氮废水的处理技术

① 厌氧氨氧化法。厌氧氨氧化工艺可在厌氧条件下直接将氨氮和亚硝氮转化成氮气，同时在好氧段只需将氨氮氧化为亚硝氮，不再需要把亚硝氮氧化为硝态氮，节省了曝气量，降低了能耗。同时，厌氧氨氧化菌不再需要传统反硝化过程所需的外加碳源，对污水中的有机物可最大限度地进行甲烷的回收并作为能源重新

利用。

②汽提法。汽提法是用蒸汽将废水中的游离氨转变为氨气逸出，其处理机理与吹脱法基本相同，也是一个气液传质过程，即在高 pH 值时，使废水与蒸汽密切接触，从而降低废水中氨浓度的过程。其由于采用的工作介质是蒸汽，氨自废水进入蒸汽中，然后在塔顶精馏成为浓氨水回收，因此无需增加后处理工序。同时，蒸汽汽提所需蒸汽体积要比空气吹脱法中所需空气体积小得多，因此设备体积较小，占地面积较少。但是，常规的汽提废水脱氨技术蒸汽消耗量大，处理废水能耗比较高。蒸汽汽提废水脱氨技术的普及推广应用需要在节能降耗方面加大研究开发的力度。

2）含铬废水的处理技术

有感光制网工艺和毛纺染整工艺的企业可能涉及六价铬排放，含铬废水必须单独处理并且在车间排放口达标排放，可采用还原沉淀法处理，在酸性条件下通过投加亚硫酸氢钠等还原剂将六价铬还原成三价铬，然后调节 pH 至碱性，形成氢氧化铬沉淀去除。

3）含锑废水的处理技术

由于聚酯作为涤纶的原料，合成过程中采用锑作为催化剂，导致涤纶坯布上含有少量的锑，在印染加工过程中，锑进入废水中。涤纶印染废水中的锑宜通过投加硫酸亚铁或聚铁混凝剂去除。

（4）印染工业园区混合废水预处理技术

印染废水一般具有较强的碱性，大部分的 pH 值在 11 以上。同时，废水中的各种染料和助剂，除了部分溶解在水中外，相当部分在水中呈胶体状态，并带有一定的电荷。不同的生产工序或不同的印染企业排放的印染废水所含的染料不同，所带电荷也各有差别。当各类印染废水混合时，各类染料（或助剂）的电中和作用可能使染料分子发生絮凝作用，从而获得一定的沉淀效果，实现部分有机物杂质的预处理。

对于印染企业集中的工业园区，各企业排放的废水经过管道收集后，进入园区污水处理厂的集水池，之后流入混合搅拌池，采用空气搅拌，将废水充分混合、反应。采用水泵将废水泵入沉淀池，进行预沉淀，经过沉淀后的上清液 pH 大致为中性或弱碱性，可以直接进入生化系统处理。而污泥则由排泥泵抽至污泥浓缩池继续处理。

（5）印染废水综合处理技术

经过预处理的高浓度有机废水或含特征污染物的废水和与其他工段产生的废水混合在一起形成综合废水，综合废水的处理一般分为一级处理和二级处理。一级处理部分是由各种形式的格栅、格网、沉砂池，以及各种形式的调节池和沉淀池等组成。为了降低二级处理的污染负荷量，采用化学混凝和絮凝的气浮处理以加强一级处理的印染污水处理系统也日趋增多。二级处理部分目前主要以生物好氧处理，即活性污泥处理法为主,为了降低印染污水处理成本,减少污水处理的投资费用,还进行各种处理方法的结合。

(6) 印染废水深度处理技术

1) 芬顿氧化

由亚铁离子与过氧化氢组成的体系也称芬顿试剂,它能生成强氧化性的羟基自由基(·OH),在水溶液中与难降解有机物生成有机自由基使之结构破坏,最终氧化分解。在酸性条件下,过氧化氢被二价铁离子催化分解,从而产生反应活性很高的强氧化性物质——·OH,引发和传递自由基链反应,强氧化性物质进攻有机物分子,加快有机物和还原性物质的氧化和分解。当氧化作用完成后调节 pH 值,使整个溶液呈中性或微碱性,铁离子在中性或微碱性的溶液中形成铁盐絮状沉淀,可将溶液中剩余有机物和重金属吸附沉淀下来。该技术具有氧化能力强、操作简单等优点。

2) 臭氧氧化

臭氧处理单元为催化氧化法,包括碱催化氧化、光催化氧化和多相催化氧化。碱催化氧化是通过 OH⁻ 催化,生成·OH,再氧化分解有机物。光催化氧化是以紫外线为能源,以臭氧为氧化剂,利用臭氧在紫外线照射下生成的活泼次生氧化剂来氧化有机物,一般认为臭氧光解先生成 H_2O_2,H_2O_2 在紫外线的照射下又生成·OH。多相催化利用金属催化剂促进 O_3 的分解,以产生活泼的·OH强化其氧化作用,常用的催化剂有 CuO、Fe_2O_3、NiO、TiO_2、Mn 等。臭氧氧化法的主要优点是反应迅速,流程简单,二次污染较少。

3) 膜分离技术

膜分离技术通常包括微滤技术、超滤技术、反渗透技术。

① 微滤技术主要用于截留悬浮固体、细菌,适用于印染企业二级处理后废水的深度处理。

② 超滤系统是以超滤膜为过滤介质、膜两侧的压力差为驱动力的溶液分离装置,适用于印染企业浸水、脱毛、染色等各工序废水以及综合废水回用或排放前的深度处理。

③ 反渗透技术能够有效地去除水中的溶解盐类、胶体、微生物、有机物等,多用于印染废水回用处理。

4) 活性炭吸附

活性炭是用木材、煤、果壳等含碳物质在高温缺氧条件下活化制成,它具有巨大的比表面积(500~1700m²/g)。水处理过程中使用的活性炭有粉末炭和粒状炭两类。粉末炭采用混悬接触吸附方式,而粒状炭则采用过滤吸附方式。活性炭吸附法广泛用于印染废水预处理和废水二级处理出水的深度处理,其处理效率高且效果稳定,但处理费用较高。

参 考 文 献

[1] 国家统计局及生态环境部.2018 中国环境统计年鉴 [M].北京：中国统计出版社，2019：143-150.

[2] 中华人民共和国环境保护部.2015 中国环境状况公报 [M].北京：中华人民共和国环境保护部，2015：65-67.

[3] 平建明.毛纺工程 [M].北京：中国纺织出版社，2007：5-6.

[4] 贺庆玉.针织概论 [M].北京：中国纺织出版社，2012：67-181.

[5] 杨玉乐，张玉锟.新编丝织工艺学 [M].北京：中国纺织出版社，2001：2-14.

[6] 张怀东，丁思佳.关于推进纺织印染行业清洁生产的几点思考 [J].染整技术，2019，41（2）：7-8，12.

[7] 贾艳萍，姜成，郭泽辉，等.印染废水深度处理及回用研究进展 [J].纺织学报，2017，38（8）：172-179.

[8] 马春燕，奚旦立，刘媛，等.《纺织染整工业废水治理工程技术规范》修订思路 [J].印染，2016，42（7）：51-53.

第2章
印染生产节水减排成套技术

2.1 前处理工序清洁生产技术

2.1.1 复合生物酶清洁印染前处理技术

2.1.1.1 技术简介

利用效率高、功能强、条件温和、环境友好的生物酶及复合生物酶在棉针织物印染过程中去除棉纤维上的杂质，或者完成其他重要加工过程的工艺。复合酶工艺具有水耗少、能耗少、产污量小等显著特点。

2.1.1.2 适用范围

复合精练酶 wck-3 主要用于棉纱和棉针织物染整加工中的精练过程，复合除氧抛光酶 wck-d 主要用于练漂后去除织物上的残留 H_2O_2，以利于后序加工和整理过程去除纤维表面的毛羽而实现织物表面光洁。

2.1.1.3 技术就绪度评价等级

TRL-8。

2.1.1.4 技术指标及参数

（1）基本原理

本章所介绍的复合精练酶 wck-3 是以碱性果胶酶为主的多元复合酶。其作用是去除果胶物质的同时，又能与其他酶产生协同效应随即去除蜡状物和其他非纤维杂质，从而实现理想的精练效果。

此复合酶在精练时发生三步反应：第一步反应是在弱酸性条件下纤维素酶破坏纤维表皮层，降解纤维表面的微纤并去除附在纤维上的棉籽壳；第二步反应是在碱性条件下果胶酶与果胶质的水解反应，降解去除果胶物质；第三步反应是表面活性剂与棉织物中蜡状物质的乳化反应。棉纤维中的果胶和蜡状物质等杂质主要存在于角皮层和初生胞壁中。在酶精练中，由于棉纤维表面存在着许多微孔和裂缝，使酶能够通过这些微孔和裂缝渗透到角皮层和初生胞壁中，从而接触到杂质并将其降解。果胶酶与果胶形成一个复合物，然后又与这个复合物继续反应使其变成水溶性产物从纤维上溶解下来，即当果胶酶作用于棉纤维表面时，使角皮层和初生胞壁中的果胶迅速分解为水溶性的低聚物或半乳糖醛酸等，此时作为生物胶及果胶酸盐等物质被分解后，表皮层和初生胞壁中的非纤维素杂质也相继被释放出来，并被非离子表面活性剂等助剂溶解、分散及乳化而去除，从而使织物获得良好的润湿性及服用性。

wck-d 是由过氧化氢酶和纤维素酶复合而成。组分过氧化氢酶只对 H_2O_2 有催化水解作用，在生物净化工艺条件下可快速去除残留在织物上的 H_2O_2，而对染料没有作用，所以脱氧和染色可以同时进行；wck-d 的另一组分是纤维素酶，其作用是催化水解纤维素，在生物抛光工艺条件下纤维素酶和机械冲击同时作用，纤维素酶的水解作用使纤维表面的微纤弱化，机械配合下将绒毛去除，从而使织物达到生物抛光的目的。

（2）工艺流程

1）复合精练酶 wck-3

精练—氧化灭活—水洗。

具体技术路线如表 2-1 所列。

表 2-1　复合精练酶 wck-3 操作规程表

序号	工序	工艺条件
1	弱酸性浴处理	温度 57～60℃、时间 10min、pH 值 4.0～5.0
2	碱性浴处理	温度 57～60℃、时间 20min、pH 值 9.0～9.5
3	温和氧化灭活	温度 60～70℃、时间 60～90min、pH 值 9.0～9.5

2）复合除氧抛光酶 wck-d

除氧—抛光染色—水洗—皂洗灭活—水洗—酸洗—甩干—后整理。

具体技术路线如表 2-2 所列。

表 2-2　复合除氧抛光酶 wck-d 操作规程表

序号	工序	工艺条件
1	除氧	室温、时间 10～20min
2	染色	加匀染剂、染料运转 10min 后，分 3 次加完元明粉，控制 1℃/min 升温至 60℃（保温 10min 完成抛光过程），加代用碱保温固色 30min
3	水洗	室温、时间 10min
4	皂洗灭活	温度 90℃、时间 10min
5	水洗	室温、时间 10min
6	酸洗	室温、时间 10min

3）主要技术创新点及经济指标

① 技术创新点：拥有独立自主知识产权、自主研发的复合生物酶 wck-3 和 wck-d。

② 一项专利：一种单通道酶活自动检测装置 201010120789.6。

4）工程应用

选取江苏坤风纺织品有限公司作为示范点，该公司具备年生产 1 万吨高档针织物面料及后整理的加工能力。针对企业棉针织物印染过程中排放废水强度大、处理难度大的问题，在源头上进行污染物的消减，采用复合酶清洁印染工艺，减少排水量，降低有机物产生量。同时在排水源头进行污废水（浓度高的废水）和清废水源头分离，有效提高废水处理效率，提高水的回用水平。

该示范工程在保证产品质量的前提下，前处理段的排水量降低 50%，废水 COD 负荷降低 19.7%；相比传统高温烧碱工艺，综合生产成本降低 21.6%～54.1%。

2.1.2　精练酶一步一浴法前处理技术

2.1.2.1　技术简介

涤棉织物采用高效精练酶一步一浴法前处理工艺技术是缩短前处理加工周期、实现节能环保、绿色加工的必然选择。采用高效精练酶一步一浴法前处理工艺技术集精练、稳定、渗透、乳化、螯合、分散于一体，无需加入双氧水稳定剂、碱等，确保前处理的稳定性和一致性，既节约了污水处理费用又减轻了污水处理压力。

2.1.2.2　适用范围

适用于棉及其混纺织物的前处理过程。可以有效去除织物上的蜡类、浆料等疏水物质，使织物得到最佳的吸水性和白度。

2.1.2.3　技术就绪度评价等级

TRL-8。

2.1.2.4　技术指标及参数

（1）基本原理

高效精练酶是由多种对纤维素杂质有专一分解作用的酶和一些化学助剂组成，其有高效的生物催化特性，在精练过程中使双氧水的漂白维持 pH 值为 10.5～11，使涤棉织物的练漂工序能一步一浴法进行。在复合酶的共同作用下，能去除织物上的浆料，去除棉纤维表皮和初生胞壁中的杂质，使初生胞壁中形成空隙较大的纤维表层，使纤维的吸水性和吸收染料的能力增强。另外，高效精练酶中含有的化学助剂能与双氧水协同作用，在去除纤维杂质的同时也能彻底地去除木质素和色素，使棉织物得到优良的毛效和白度。用高效精练酶来处理棉织物，由于酶的专一性，除了棉纤维表皮（即角皮层与初生胞壁）的杂质得以去除外，初生胞壁中的纤维素成分能得以保护。与传统工艺相比，经练漂后的棉织物强力损失减少，练漂损耗降低，较好地保护了织物的克重。采用高效精练酶只需加入双氧水及配套高效渗透剂，就可以达到退浆、精练、漂白的应用效果，并且对纤维的损伤小，克重损失也比较少，非常适用于棉及其混纺织物的前处理过程；能有效去除纤维上的棉籽壳、蜡脂、色素、油剂等杂质。在进行煮练和水洗时，各种杂质可以得到充分的螯合、分散，避免洗下来的杂质沾污到布面，确保前处理的稳定性和一致性。

（2）工艺流程

采用高效精练酶一步一浴法的前处理方法，首先加热升温至 50～60℃ 化料；然后将待处理织物干布送入工作液中进行浸轧，浸轧带液率 80%～100%；然后在 98～102℃ 高温下汽蒸 60～75min；再经 95～98℃ 以上热水洗和 60～65℃ 二次水洗后进行烘干，即完成一步一浴法前处理。

具体工艺流程见图 2-1。

50～60℃化料 ⟶ 进(干)布浸轧(带液率80%～100%) ⟶ 100℃汽蒸60min ⟶

95℃以上热水洗 ⟶ 60℃二次水洗 ⟶ 烘干

图 2-1 某一典型精练酶一步一浴法前处理工艺流程

（3）主要技术创新点及经济指标

传统的前处理工艺一般都采用碱—碱—氧或碱—氧工艺或退浆酶—精练酶工艺，且精练酶大都用于纯棉织物，工序长，耗能大。该技术改变传统的退浆—煮练—漂白工序或退煮合一—漂白工序或酶退浆—酶煮漂工序为精练酶退煮漂合一的工序，克服了原工艺消耗高、效率低的缺点，工艺流程短，污染物排放少，综合成本低，节能环保。使用高效精练酶对涤棉织物进行前处理一步一浴法加工，在对生产设备进行配液比例的控制、给液装置改进等适应性改造后，既保证了织物半成品的各项指标满足染色印花的要求，又保证了染色印花后的色牢度、断裂强力、手感、克重等不低于传统工艺。采用新工艺后，其工艺流程相当于传统工艺的 1/2，无碱，综合能耗降低近 50%，前处理污水排放 COD 值降低约 50%，在生产综合成本降低的同时实现了节能减排。

与传统工艺比较，用高效精练酶处理的织物手感较好，白度较高，克重损失小，断裂强力较大。毛细效应远远高于传统工艺。用高效精练酶前处理的织物染色和印花，其耐洗色牢度、耐摩擦色牢度及耐热压色牢度等指标高于传统的工艺。用高效精练酶技术处理所得废水的色度、pH 值、悬浮物含量、COD、BOD 和总残渣量均低于传统工艺，这就确保了高效精练酶一步一浴法技术实现清洁生产的可行性。

2009 年锦州宏丰印染有限公司公开了专利"涤棉织物采用高效精练酶一步一浴法的前处理方法"（CN 101457477B）。

（4）工程应用

锦州某印染厂通过对助剂的筛选改进、对工艺流程的优化以及对配套设备的技术改造，成功地开发了涤棉织物的精练酶一步一浴法前处理技术。

采用高效精练酶一步一浴法对涤棉织物进行前处理加工技术，减少了能源消耗。按每天 15 万米产量计算，平均可节水 228t/d、节电 315kW·h/d、节约蒸汽 100.5t/d。采用该技术每天可减少排污量 228t。采用传统工艺排放废水的 pH 值指标为 10～12，使用该技术后每天排放污水的 pH 值降到 8，排放污水中的 COD 值也比传统工艺减少了近 1/2。使用高效精练酶一步一浴法对涤棉织物进行前处理，按每天 15 万米产量计算，每年可节约水、电、蒸汽的能源费用为 506.7 万元，每年可节约污水处理费用 24.29 万元，合计综合节约费用 531 万元。高效精练酶一步一浴法与传统前处理工艺各项性能比较见表 2-3～表 2-7。

表 2-3　高效精练酶一步一浴法技术与传统工艺处理织物半成品物理性能对比

项目 工艺	毛细效应 /(cm/30min)	白度 /%	经向断裂强力 /N	纬向断裂强力 /N	克重 /(g/m²)
一步一浴法	17.2	82.4	1653	885	245
传统工艺	11～15	79～81	1519～1537	742～763	234

表 2-4　高效精练酶一步一浴法技术与传统工艺处理染色布物理性能对比

检测项目			检验结果	
			传统退煮法	一步一浴法
耐洗色牢度		褪色（级）	4	4
		沾色（级）	3	3-4
耐摩擦色牢度		干摩（级）	4-5	4-5
		湿摩（级）	2-3	2-3
耐热压色牢度	干压	褪色（级）	4-5	4-5
		沾色（级）	4-5	4-5
	潮压	褪色（级）	4-5	4-5
		沾色（级）	4-5	4-5
	湿压	褪色（级）	4	4
		沾色（级）	3	3-4
断裂强力/N		经向	1634	1895
		纬向	860	975
断裂伸长率/%		经向	4.6	4.6
		纬向	22	24.5

表 2-5 高效精练酶一步一浴法技术与传统工艺处理印花布物理性能对比

检测项目			检验结果	
			传统退煮法	一步一浴法
耐洗色牢度		褪色(级)	4	4
		沾色(级)	3	3-4
耐摩擦色牢度		干摩(级)	4-5	4-5
		湿摩(级)	2-3	2-3
耐热压色牢度	干压	褪色(级)	4-5	4-5
		沾色(级)	4-5	4-5
	潮压	褪色(级)	4-5	4-5
		沾色(级)	4-5	4-5
	湿压	褪色(级)	4	4
		沾色(级)	2-3	3
毛细效应/(cm/30min)		经向	11.1	14.7
		纬向	11.4	16.9
断裂强力/N		经向	1675	1842
		纬向	833	989
断裂伸长率/%		经向	3.6	3.6
		纬向	32.5	31.5
白度/%			80.6	80.9

表 2-6 高效精练酶一步一浴法技术与传统工艺每百米消耗对比

项目	传统退煮法	一步一浴法	节约值	每天节约量(按 15 万米/天)	年节约量
蒸汽	122kg/100m	55kg/100m	67kg/100m	100.5	557.8 万元
水	418kg/100m	266kg/100m	152kg/100m	228	22.9 万元
电	0.5kW·h/100m	0.29kg/100m	0.21kW·h/100m	315kW·h	5.2 万元
化学品	5.08 元/100m	6.96 元/100m	1.88 元/100m	2820 元	84.6 万元
用人工	0.46 元/100m	0.34 元/100m	0.12 元/100m	180 元	5.4 万元
合计					506.7 万元

注:1. 蒸汽,185 元/吨;2. 水,3.35 元/吨;3. 电,0.55 元/(kW·h)。

表 2-7 高效精练酶一步一浴法技术与传统工艺废水状况对比

测定项目	采样点	
	传统工艺	高效精练酶一步一浴法工艺
pH 值	12.03	8.41
悬浮物/(mg/L)	2.87×10^2	1.82×10^3
色度/倍	64	16
COD/(mg/L)	6.70×10^3	3.90×10^3
氨氮/(mg/L)	15	17
总残渣/(mg/L)	1.67×10^4	6.66×10^3

2.1.3　冷轧堆一步法前处理技术

2.1.3.1　技术简介

冷轧堆前处理工艺早在 20 世纪就已在工厂生产中得到应用，当时主要针对梭织物的前处理，但因耗时长、冷堆室占地面积大等缺点而未得到大规模推广。随着近年来环保要求的提升，生产能耗的上涨，冷轧堆前处理工艺以其低能耗的优势再次进入人们的视野，并且逐步推广到针织产品的应用上。在纺织工业"十二五"科技进步纲要中，也重点提到了冷轧堆前处理、冷轧堆染色工艺在印染行业中的推广应用。冷轧堆技术是在室温下的加工过程，具有投资成本低，能耗、水耗少，柔性生产率高、工艺适应性强，织物强度损失小等众多优点，目前在棉织物印染加工中广泛应用于前处理、染色、印花及后整理。

2.1.3.2　适用范围

适用于纯棉和涤棉织物的前处理，小批量和多品种的加工要求。

2.1.3.3　技术就绪度评价等级

TRL-9。

2.1.3.4　技术指标及参数

（1）基本原理

冷轧堆一步法工艺即将传统退、煮、漂三步法工艺改为一步法工艺，减少生产用水和用蒸汽。针对不同织物一次性通过投加不同复合型高效退浆剂、高效煮练剂等，再经过一定的堆置时间，最后再漂洗完成前处理。

（2）工艺流程

工艺流程如图 2-2 所示。

进布 ⟶ 浸轧工作液 ⟶ 包覆 ⟶ 堆置 ⟶ 汽蒸 ⟶ 水洗

图 2-2　冷轧堆一步法前处理工艺流程

1）浸轧

通过浸渍与施加一定的压力使处理液均匀充分、快速地进入纤维内部并保证织物浸轧时无轧皱、无轧印。为有利于控制双氧水的分解，使轧液温度与布身温度相近。

2）包覆

将带液的织物平整有序地落在塑料袋中，待配缸数量达到后扎紧口袋，使织物全部密封在塑料袋中，充分保湿，以免风干造成碱斑。

3）堆置

将密封包扎好的织物有序进行排列堆放 18h，让处理液与织物上的杂质色素反应，达到增溶、乳化、皂化、分解、氧化、溶胀的作用。

4）汽蒸

这是一个快速催化的工序。在汽蒸过程中，加速了双氧水的分解活性，加大了表面活性碱剂对油质及果胶物质等杂质的快速分解乳化，可以令堆置时间大幅缩短，提高生产效率。

5）堆置或汽蒸后水洗

这个过程是将已经分解降解、乳化后的杂质通过连续的逆流清洗挤压分散在水中，并将布身上的残留物全部洗净。

（3）主要技术创新点及经济指标

青岛三秀新科技复合面料有限公司于 2013 年申请专利：棉制品一步法冷轧堆前处理工艺。

冷轧堆前处理工艺与传统前处理工艺的比较见表 2-8 和表 2-9。

表 2-8　冷轧堆前处理工艺与传统煮漂工艺的综合比较

工艺	传统煮漂前处理（浴比 1∶8）	冷轧堆前处理
蒸汽消耗/t	3	0.3
水消耗/t	40	16
电消耗/(kW·h)	100	22
污水排放/t	40	16
COD 排放浓度/(mg/L)	4500	2100
处理程度	剧烈，不够均匀	温和，白度均一
纤维强度	纤维强度下降，损耗高	纤维强度高，损耗低
布面	摩擦大，毛羽多不光洁 褶皱多 处理手感僵板结	布面光洁 布面平整 手感柔软蓬松
染色重现性	染色重现性不理想	染色一致，重现性高，染色缸差小
产量	占缸生产，染色产量 2 轮/d	不占缸生产，染色产量 3 轮/d

注：表中各数据均为吨布数据。

表 2-9　冷轧堆前处理工艺与传统氧漂工艺的成本比较

项目	传统氧漂工艺 （按每吨布用量计算）		冷轧堆前处理工艺 （按每吨布用量计算）	
	用量	金额/元	用量	金额/元
渗透剂/%	1	50		
双氧水稳定剂/%	1	40		
36°Bé 烧碱/%	4	28		

续表

项目	传统氧漂工艺 （按每吨布用量计算）		冷轧堆前处理工艺 （按每吨布用量计算）	
	用量	金额/元	用量	金额/元
30%双氧水/%	6	78		
中和用90%醋酸/%	0.5	30		
染色前加去氧酶/%	0.1	30		
冷来帮/(g/L)			20	187
冷透强/(g/L)			5	51.8
27.5%双氧水/(g/L)			40	37.18
水/t	38	114	16.2	39.9
电/(kW·h)	90	54	22	10.8
蒸汽/m³	2.59	533.5	0.31	53.56
合计		957.5		380.2

　　针织物冷轧堆前处理工艺可节约蒸汽 90%、水 65%、电 80%，降低排污量 65%，提高产量 30%，织物损耗降低 2%，强度提高 15%以上，冷轧堆工艺吨布成本 400 元，而传统工艺吨布 880 元，吨布可节约 480 元。

　　（4）工程应用

　　以在浙江某印染厂的实际应用为例。

　　1）项目建设内容

　　① 建设规模：月产 100 万米各色机织物，采用 ECONTROL 染色机。

　　② 投资金额：设备投资 100 万元。

　　③ 建设期：0.5 年。

　　2）项目节水效果

　　年节水总量 6 万吨，COD 年减排量 153t，主要节水技术参数 60 吨/万米。

　　3）项目综合经济效益

　　年节约水资源费 3.3 万元，年节约蒸汽费 145 万元，年节约排污费 1.6 万元，年降低生产成本 218 万元，项目投资回收期为 6 年。

　　冷轧堆一步法目前在国内外应用普遍。例如，上海东美化工有限公司、北京第三印染厂、江苏悦达纺织集团有限公司、江苏常熟市精诚化工有限公司等已运用该工艺多年，并且取得良好的经济效益。

2.1.4　双氧水漂白前处理技术

2.1.4.1　技术简介

　　棉织物经过退浆、精练后，织物的吸水性提高，外观也变得洁净和柔软，但由于在精练中未能除去天然色素，织物的白度不高，不能满足漂白产品和浅色花布鲜艳度的质量要求。因此棉织物在精练后仍需进行漂白处理，去除天然色素，进一步提高织物的白度和鲜艳度，以及进一步除去在退浆和精练中未除去的杂质。过氧化氢（俗称双氧水）是目前应用范围最广的漂白剂，其漂白后的织物白度性能稳定，且适用于各种类型织物的漂白，是一种高效、污染小的漂白剂。双氧水活化剂低温练漂法是目前发展最快的低温漂白工艺，常用的双氧水活化剂有四乙酰乙二胺（TAED）和苯酰基己内酰胺等。

双氧水漂白简称氧漂。织物用双氧水漂白的工艺适用于各类纤维及其制品。氧漂后的织物白度和稳定性较好，能去除纤维素纤维中的大部分杂质和棉籽壳，适合练漂连续化生产。设备要求较高，生产成本比用次氯酸钠要高，但漂白效果较好，常用于较高档棉及含棉混纺织物的漂白。以"轧漂"和冷轧堆工艺为主，棉针织物可"浸漂"，可同时煮练。如织物上黏附铁、铜等重金属成分，则会催化双氧水的剧烈分解，使漂白织物产生破洞。双氧水对棉纺织物的漂白是在碱性介质中加热进行的，兼有一定的煮练作用，对煮练的要求较低。

用双氧水漂白棉布具有许多优点，例如产品的白度较高并较为稳定，漂白的织物手感好，同时对退浆和煮练要求较低，便于漂练过程的连续化。此外，采用双氧水漂白无有害气体产生，可改善劳动条件。但双氧水漂白设备需用不锈钢制成。双氧水的价格比次氯酸钠高，故成本较高。

2.1.4.2   适用范围

一般用于高支数棉布及涤棉混纺织物的漂白。

2.1.4.3   技术就绪度评价等级

TRL-9。

2.1.4.4   技术指标及参数

（1）基本原理

在碱性条件下，双氧水对棉纤维的漂白是一个非常复杂的反应过程，双氧水分解产物很多，目前对棉纤维中天然色素分子结构的认识和了解还不甚精确，但从已知色素的基本知识来看，认为是天然色素的发色体系在漂白过程中遭到破坏，达到消色的目的。关于双氧水漂白的活性物质，研究人员进行了大量试验，并提出多种假说，但至今仍尚未形成定论。目前染整界多数人认同的双氧水漂白的活性物质为过氧氢根离子（HOO^-）。

HOO^-可能与色素中的双键发生加成反应，使色素中原有的共轭系统被中断，电子的移动范围变小，天然色素的发色体系遭到破坏而消色，达到漂白目的。HOO^-的浓度与漂白处理浴的 pH 值有关，pH 值提高，HOO^-浓度增加。当 pH≥11.5 时，双氧水的分子大部分以 HOO^-存在；pH 值为 9.5～10.5 时，漂白作用较佳；但 pH 值超过 10.5 后漂白作用反而下降，由此说明 HOO^-至少不是唯一的漂白活性物质。

通常棉纤维的漂白前处理采用双氧水漂白工艺，其具有漂白效果较好、白度稳定性良好、污染少、不腐蚀设备等优点。根据化学反应平衡原理，漂白工作液中加入一定量烧碱，能中和 H^+，促进 HOO^- 的生成。同时，传统双氧水漂白工艺中常常需加入双氧水稳定剂来控制。重金属离子催化作用会导致双氧水无效地被分解。所谓低温漂白前处理是指在常规的前处理工艺中采用特殊的氧漂活化剂，改善双氧水的有效分解率，从而提高双氧水的利用率，并且使漂白温度降低到 70℃ 左右，在不影响织物白度的同时降低织物纤维的损伤和失重等问题。

双氧水在一定的碱性条件下分解出 OH^-，它对纤维素上的色素有氧化破坏作用。但碱性过强，双氧水分解过快，纤维损伤也严重。除此之外，重金属离子对双氧水有催化分解作用，产生自由基离子和新生态氧，对纤维的损伤很大。所以氧漂体系中除需维持一个稳定、合适的 pH 值外还要加入络合剂或螯合剂，防止重金属离子影响漂白效果。

（2）工艺流程

进布→加水润湿→加入低温预处理助剂进行预处理→加温到 55℃ 运转保温 10min→加入双氧水和片碱→循环运转 5min→加入低温漂白活化剂→升温至 70℃ 循环运转保温 50～60min→降温水洗→酸中和→水洗酶脱氧→染色。

（3）主要技术创新点及经济指标

2009 年 6 月上海正和化工有限公司公开了一种棉织物一浴二步精练漂白染色工艺发明专利，依次包括精练漂白、去除双氧水、排液及染色；其中，去除双氧水的步骤为精练漂白后，不经排液和冷水洗涤，在 80～90℃ 的条件下将氯化钴水溶液加入精练漂白浴中 5～15min。本发明的工艺，在不影响后续的活性染料染色前提下，合理地缩短工艺流程，有助于提高生产效率，并显著减少用水和排水量，降低了生产成本，有利于环保。

双氧水漂白技术与传统氧漂工艺的对比见表 2-10。

表 2-10　传统氧漂工艺与低温氧漂工艺成本效益对比

工艺类型	传统氧漂工艺	低温氧漂工艺	低温氧漂优势
工艺处方	精练渗透剂 1g/L NaOH 2g/L H_2O_2(27%)8g/L	低温氧漂助剂 LTP 1g/L NaOH 2g/L H_2O_2(27%)8g/L	
温度/时间	98℃/50min	80℃/50min	
工艺时间	136min	116min	省 20min，提高生产效率及设备利用率
助剂成本	248 元/t 布	268 元/t 布	高 20 元/t 布
汽耗	324 元/t 布	252 元/t 布	省 75.6 元/t 布
电耗	76 元/t 布	65 元/t 布	省 11 元/t 布
综合成本	648 元/t 布	585 元/t 布	省 63 元/t 布
面料失重率/%	4.65	4.15	减少 0.5

（4）工程应用

宁波某印染厂应用低温前处理氧漂工艺生产全棉、涤/棉针织坯布超过3000t，坯布毛效、白度均接近传统氧漂效果，后期染色质量稳定，氧漂后坯布强力损伤小，布面细皱纹、折痕等疵病明显改善，成品损耗平均有0.5%左右的下降。该印染厂一年可以减少60万元以上的坯布损失。目前该技术已普遍使用于各印染厂。

2.2 染色工序清洁生产技术

2.2.1 气流染色技术

2.2.1.1 技术简介

传统的溢流染色机的浴比为（1∶7）～（1∶8），需要消耗大量的水、电、化学助剂等其他能源，这种传统方法不仅染色周期长、运行成本高，而且污水排放量大并容易对生态环境造成较大的破坏。同时由于浴比大，织物在运行过程中会携带大量的水分，易造成过度拉伸，极大地影响织物的加工质量和档次。为较好地解决溢流染色机所存在的一系列问题，德国工程师在1979年首先发明了气流染色机，而后将此项技术转让给了德国THEN公司；德国THEN公司对此进行了研究、发展与推广，经过多年的改进，此项技术已基本成熟，在全世界印染行业得到一定的应用。气流染色改变了溢流或喷射染色以循环染液牵引织物循环的方式，利用高速气流牵引织物循环，从而大大降低了染色浴比。与传统的溢喷染色机相比，它具有显著的节能减排效果，并且基本涵盖了传统的溢喷染色机所适应的织物品种范围。对于一些新型纤维织物如Lyocell、超细纤维织物等更有其独特的染色风格。此外，气流染色机的一些结构特点为染料均匀上染织物提供非常有利的条件，加之所配置的一些先进控制技术作保证，使其染色的"一次成功率"在98%以上，极大地减少了返工造成的能源浪费，并提高了生产效率。气流染色技术的应用普及，为织物间歇式绳状染色提供了新的加工方法，极大地促进了印染行业向高效、节能和环保方向的发展。

2.2.1.2 适用范围

不仅适用于常规液流染色机所染的织物品种，还适用于其他高档织物，如Tencel纤维织物、仿桃皮绒织物、仿麂皮绒织物等。

2.2.1.3 技术就绪度评价等级

TRL-9。

2.2.1.4　技术指标及参数

（1）基本原理

气流染色机采用了空气动力学原理，以高速循环空气替代水来牵引被染织物做循环运动，染液通过独立循环系统，在喷嘴中与被染织物进行周期性的交换，完成染料对被染织物的上染和固色过程。

气流染色机中织物与染液的交换形式有两种：一种是气流雾化（确切地讲，是染液细化）；另一种是气压渗透。

气流雾化是先将染液通过特殊的喷嘴雾化并弥散在气流中，然后这种带有雾化染液的气流与被染织物进行交换并牵引织物循环。在交换的过程中，雾化染液对织物不仅接触面积大，而且对织物纤维具有较强的渗透力，加速染液向纤维内部的扩散速度。

气压渗透形式是采用两个喷嘴，即一个是纯气流喷嘴，另一个是液流喷嘴。液流喷嘴在前，被染织物先经过该喷嘴，与染液进行交换，然后经过提布辊再进入气流喷嘴，由气流对染液向织物进行压力渗透，在牵引织物循环的过程中加速染液向织物纤维的扩散速度。

（2）工艺流程

在气流染色机中存在气流循环、水流循环和织物循环三大循环。

1）气流循环

与常规染色最大的不同是推动布运行的是带有染液的雾化气流，所以染色机内存在气流的循环，染缸内的空气通过空气过滤器后由一个强有力的风机加速，形成强大的高速气流。该气流通过空气输送管道，分别送到各个喷嘴，在喷嘴里高速气流将染液带出瞬间雾化，从喷嘴里喷出的带有雾化染液的气流带动织物运行，同时雾化的染液均匀地接触织物。从喷嘴喷出的气流进入染缸内，经过空气过滤器又吸回风机，经风机加速后重新输送到喷嘴，如此反复循环。

2）水流循环

染液集中在特氟隆轨道下方的染缸底部，经过染缸最底部的回液管，通过染液过滤器，再由一个很小的染液循环泵输送到热交换器，然后通过细小的输液管分别输送到喷嘴处，在喷嘴处染液被高速气流产生的压差瞬间雾化在气流中，喷向织物使织物带色上染，由于染液温度是不断提高的，染色就按规定的升温曲线进行。从喷嘴处出来的织物落在底部有特氟隆条的轨道上，织物上多余的染液会自动滴流到染缸底部，又经输液管到染液过滤器，经染液泵循环运行。

3）织物循环

在气流的作用下，经过提布轮的帮助，织物在染缸内快速运行，织物经过提布轮时是绳状，过喷嘴后在气流作用下舒展一些，又在往复摆布装置作用下较均匀地堆置在储布轨道内特氟隆条上，不容易压布。

（3）主要技术创新点及经济指标

1）水消耗低

染棉浴比是1:（3.5～4），染化纤浴比是1:（2.5～3），水消耗量明显减少。

2）高效节能

水量减少使蒸汽用量下降，风机马达拥有标准的频率控制，能对过程控制提供灵敏的调控以控制电能消耗。

3）节约染化料

可节省助剂30%～40%，染料3%～5%。

4）减少污染

随着浴比的降低，污水助剂含量和残余染料量减少，有利于清洁生产，有明显的环境效益。

5）节省时间

冷水热水清洗过程可连接进行，不需任何时间的停顿。另外，配备高效热交换器和直接蒸汽加热装置，大大缩短升温时间。

6）一次成功率高

自动化程度高。各项工艺参数能得到非常好的执行，浴比、布速、升温过程、加料速度、水洗过程等都能有效控制，染色重现性好。

低浴比气流雾化染色技术采用特殊设计的喷嘴系统，并提供了多种规格及气液流量调节方案，能够提高工艺效率，缩短工艺时间及减少工艺用水，适染织物范围广泛，匀染性能极佳。采用了独特设计的摆幅范围可调的摆布系统，可有效防止织物打结、拉伤等问题，大幅提高工艺效率。与传统溢流染色技术相比，实际生产中的浴比可达到1:2.8，大幅降低了能耗、排污成本，节省助剂，是一种环境优化型的环保染色设备。

采用低浴比气流雾化染色技术可有效减少染料、助剂、水电汽等直接成本。以载量500kg、100%纯棉$20^S/2$平纹布、$220g/m^2$、布封142cm、约1600m计算的气流染色直接成本如表2-11所列。由表2-11可见，与传统的溢流染色技术相比，低浴比气流雾化染色技术可节约成本约40%，大幅减少了水、汽、电等资源的消耗量，并大幅减少了废液排放量，具有极为明显的经济效益。低浴比气流雾化染色技术提升了染整设备的科技含量与产业竞争力，符合节能减排方针政策，对我国染整装备的发展有着深远意义。

表2-11　成本比较

项目	浅色		中深色		特深色	
	气流染色	传统染色	气流染色	传统染色	气流染色	传统染色
染料、助剂/元	298.7	572.4	626.7	963.4	763.5	1204.0
水电汽/元	515.6	1000.1	768.0	1470.0	901.8	1675.0
总成本/元	814.3	1574.0	1395.0	2434.0	1665.0	2880.0
节约/%	48.26		42.69		42.70	

（4）工程应用

2010 年 3 月，金纺集团公司投入 1800 万元引进 8 台小浴比、节能环保的气流染色机，淘汰了一部分落后的溢流染色机及与其相类似的湿处理工艺设备。气流漂染工艺技术是在传统的溢流漂染工艺技术基础上诞生的一种全新的间歇式、绳状漂染工艺技术。其特性：

① 气流染色机布、液完全分离的特殊结构，赋予其更小的浴比；

② 低张力、高速气流拖动方式，高频率的布、液交换频率，气流作用下的染液向织物纤维中良好的渗透和扩散效果，缩短了染色工艺时间，提高了加工效率，降低了水、电、汽及时间消耗；

③ 气流染色工艺过程中，悬浮在气流中的高速运行针织物因气流作用而激烈地抖动，反复扩展，能抑制因针织物内应力释放而产生的永久折痕，同时缩小了染液温度、浓度在针织物上的分布差异，获得良好的匀染效果；

④ 因染色浴比小，减少了固色碱和促染剂的用量，降低了染料水解的可能性，节省了染料；

⑤ 气流连续水洗过程是一个汽蒸与热水洗的综合净洗过程，使气流连续水洗的净洗效率得到了极大的提高。

总之，气流染色机的特殊结构及运行方式弥补了溢流染色机的诸多不足，具备了溢流染色机无法比拟的技术、经济优势。大生产统计数据表明：使用气流染色机后，缩短染色加工时间 20%，减少耗水量 45%，减少耗蒸汽量 30%，减少耗助剂量 30%，减少排污量 40%，提高了净洗效率和匀染效果，提高了产品质量。

邵阳纺织机械有限责任公司的气流染色机自 2006 年正式投放市场以来，已先后在国内天津、江苏、浙江、山东、广东和福建等地，以及土耳其用户中使用。除了能够满足常规针织和机织物的染色工艺外，还适合一些新型纤维纺织品的染色或者特殊风格处理。许多织物由气流染色机加工后，其风格（如手感）是普通溢喷染色机达不到的，提升了纺织品加工的附加值；与此同时，气流染色机的高效节能和环保特性给用户带来了可观的经济效益，为印染企业的可持续发展提供了有利条件。

高效、节能和环保是现代染色技术的基本特点、提高经济效益的有效手段，采用高效、节能和减排的加工方法，具有良好的加工综合性能指标。这里将气流染色与溢喷染色的综合性能指标做对比，如表 2-12 所列。

表 2-12 气流染色与溢喷染色的综合性能指标对比

项目	气流染色	溢喷染色
浴比	1:（3～4）	1:（8～12）
染色工艺时间/h	3～7	3.5～10
耗水量/(tH_2O/t 织物)	18～90	53～224
耗蒸汽量/(t 汽/t 织物)	4.5～11	16～29

项目	气流染色	溢喷染色
耗电量/(kW·h/t 织物)	220~450	200~416
染料费/(元/t 织物)	942~1708	942~2130
助剂费/(元/t 织物)	27~213	90~838

从表 2-12 中可以看出，气流染色的效率、能耗明显优于溢喷染色，耗电量与溢喷染色相当。由于气流染色是采用交流变频控制风机风量，加工中厚以下织物风量仅用到额定的 80%，所以将缩短的加工时间考虑进去，实际总的耗电费用并没有明显增加。耗水量和染化料的降低，意味着排污量的减少，节省了污水处理费用，同时保护了环境。

2.2.2 气液染色技术

2.2.2.1 技术简介

气液染色技术是改进传统溢流染色技术而得到的一种全新的间歇式绳状染色技术。从理论上讲，气液染色与溢流染色一样，同属竭染工艺范畴。气液染色机采用独立的气流循环和液流循环的设计理念，对加工织物产生不同作用，利于染料均匀上染织物。与目前的气流雾化染色机相比，气液染色机的气流不需携带雾化染液，因而不产生能量消耗，大大降低了风机功率。气流在牵引织物循环时，对已吸附染液的织物产生一定渗透压并向纬向扩展，一定程度上可避免折痕的产生。相较于传统的溢流染色工艺，气液染色工艺技术具有低浴比、高效率，能源、物料、时间消耗少的特点，一定程度上解决了染色废水及污染物高排放的问题。高效、低耗、环保的气液染色新技术不仅简化了操作难度，而且提供了一种可靠和提升染色品质的工艺方法。与传统气流雾化染色机相比，可节省用电 60% 以上，节省用水 20%，节省蒸汽 30%，且缩短工艺时间 30%。解决了针织物幅宽变化、分散染料染深色浅、敏感色难控制，以及水洗不充分等问题。此外，气液染色机的单纯气流循环（不开染液循环）可对织物进行一些气流柔软整理、蒸汽预缩处理等，特别是弹力针织物经处理后提高了织物的形态和尺寸稳定性。

2.2.2.2 适用范围

适用于练漂、前处理、分散染料染色、酸性染料染色、直接染料染色等高温处理的工序；同时适用于活性染料染色和水洗，更适合于染敏感色，获得优质的染色效果，降低了操作要求，提高了织物的水洗效率。

2.2.2.3 技术就绪度评价等级

TRL-9。

2.2.2.4 技术指标及参数

（1）基本原理

气液染色技术装备通常包括布缸、气流喷嘴、染液喷嘴、热交换器、储布槽、主泵及风机组件等主要部件。其中，提布系统通过织物管道与布缸、气流喷嘴和染液喷嘴连接，共同构成一组染色单元，待染色的织物可通过气流喷嘴所喷射的气流推力及染液喷嘴推力的作用而稳步运行；布缸可根据具体工作需要布置多组染色单元，从而同时对多组织物进行染色。来自风机机组的高速气流通过气流管道分流到每个染色单元中的气体腔，高速气体通过气流喷嘴的锥形气流喷射流道吹向织物，使得织物蓬松吹开并向前运动。染缸底部的染液通过集液回流管流向主泵，在主泵加压后流入热交换器，在加热后通过染液管道进入染液喷嘴腔体，最后通过染液喷嘴的锥形染液喷射流道喷向织物。喷嘴系统中，气流喷嘴与染液喷嘴相互独立，并且气流喷嘴的气流应该先于染液喷嘴的染液喷向织物。

（2）工艺流程

气液染色技术主要通过三个内部运动实现织物的染色。

首先是气流运动，具体是风机在变频器的作用下以所设定的风量恒定地输出高速气流，高速气流通过气流喷嘴喷向织物，从而带动织物运行。

其次是染液喷射，具体是染缸底部的染液或者清水经过主泵加压通过染液管道输送到染液喷嘴中，由于织物已被气流喷嘴蓬松吹开并被气流拖动，在通过染液喷嘴时只需喷射少量的染液即可均匀地穿透织物，并进一步加速拖动织物运行，从而实现染色；未吸附到布匹上的染液则回流到染缸底部并通过回流管及过滤器流回主泵，实现染液的循环利用。

最后是待染织物的循环运动，具体是经过染液喷嘴染色的织物落在 U 形储布槽内，在自身的重量下由 U 形储布槽的一端滑向另一端，再通过提布轮的带动进入喷嘴系统，在气流和染液的带动下快速运行、循环喷染，直至喷染周期完成。

（3）主要技术创新点及经济指标

针对目前气流染色机存在的主要问题，结合普通溢流或溢喷染色机优点，通过结构上的设计创新，所开发的气液染色机具有了一些新的性能和特点。

减少气流循环无效损失，风机功率下降 50%，染液与气流的循环采用了全新的设计结构，在充分提高气流有效利用率的同时，大幅度降低了风机消耗功率，将循环风机的额定功率降低到原来的 50% 以下，例如二管高温气流染色机风机的额定功率从 45.0kW 降至 22.5kW，解决了当前气流染色机电耗大的问题，在 1:4 以下低浴比染色时更加节水、省汽，特别是节电。气流染色机喷嘴中的染液经雾化后在气流的作用下与织物进行交换。气流在整个过程中需要消耗很大一部分的能耗，并且风量还会出现大幅度下降。为了保证牵引织物循环所需的风量，必须加大风机风量，即加大风机功率。而气液染色机的气流仅仅用于牵引织物循环，不对循环染液产生能量消耗,所以只需要消耗目前气流染色机风机的 1/2 功率即可满足织物循环的牵引力。

气液染色机与气流染色机在同等条件下处理 1t 织物,使用过程中消耗的水、蒸汽特别是电耗测量结果如表 2-13 所列。在同一使用条件下,虽然两者浴比相同,但气液染色机的水洗效率高,水与蒸汽的消耗相对较低。另外,耗电的降低是气液染色机节能的最大特点,也是解决气流染色机耗电问题的关键。

表 2-13 气液染色机与气流染色机的能耗对比

项目	气液染色机	气流染色机
消耗水/(t 水/t 织物)	24～40	30～45
消耗蒸汽/(t 蒸汽/t 织物)	0.9～1.2	1.6～2.5
消耗电/(kW·h/t 织物)	200～350	400～690

（4）工程应用

某印染公司对棉珠地布染深蓝色为例,对比传统染色机、气液染色机生产情况及能耗见表 2-14。由表 2-14 可知,气液染色机较传统染色机浴比小且染色时间短;在能耗方面,气液染色机耗水量及耗汽量较少,大幅降低了生产成本,提高了生产效率;生产实践表明,气液染色机染色布样折痕较少,具有明显优势。

表 2-14 气液染色机、传统染色机能耗对比

机型	载量/kg	浴比	耗水量/L	耗气量/kg	耗电量/(kW·h)	时间/min			
						练漂	染棉	水洗	总时间
气液染色机	200	1.0∶5.0	52.40	1.46	0.40	150	180	180	510
传统染色机	120	1.0∶10.0	72.80	2.84	0.32	180	225	210	615

2.2.3 冷轧堆染色技术

2.2.3.1 技术简介

冷轧堆染色工艺介于浸染方式与连续轧染方式之间,是一种半连续化的轧染工艺。其工艺类似于冷轧堆前处理工艺,在低温或室温下通过轧车浸轧含有染料和碱液的混合溶液,然后在室温下打卷堆置并不断缓慢转动,使染料完成吸附、上染和固色过程,最后通过水洗完成染色工序。该工艺具有高效、节能、降耗和少污染等优点,工艺简单可靠、染料渗透性佳和固色率高,从而减少了工艺加工的染料用量,降低了污水的色度和其他污水处理负荷。由于准备工作都是在上机前完成的,故生产效率非常高。由于冷轧堆工艺没有中间烘燥及汽蒸工艺,不仅节省了大量电能和蒸汽,而且不会出现因连续轧染工艺中间烘燥引起的常见染料泳移色差的弊端。

2.2.3.2 适用范围

冷轧堆染色适用于小批量多品种纤维素纤维织物的染色加工，尤其如棉织物。

2.2.3.3 技术就绪度评价等级

TRL-9。

2.2.3.4 技术指标及参数

（1）基本原理

该工艺主要包括进布冷却、均匀轧染、收卷堆置 3 个阶段。

织物首先通过进布装置被牵引至冷水传动系统进行风冷至特定温度；然后对中装置将冷却后比较凌乱的织物进行调整对中，使织物能够整齐地被导入均匀轧车进行浸轧，由于冷轧堆染色工艺在均匀轧压的过程中对织物运行的线速度要求比较严格，所以整机以均匀轧车的运行速度为基准；最后织物以恒定的线速度进入收卷辊进行收卷并堆置一定的时间，使染料完全发生化学反应附着在织物上，完成整个冷轧堆染色工艺。

（2）工艺流程

以棉针织物为例，冷轧堆染色工艺流程如图 2-3 所示。

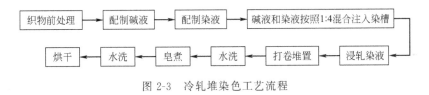

图 2-3　冷轧堆染色工艺流程

1）浸轧染液

棉针织物冷轧堆染色工艺中，为了缩短堆置时间，一般采用短时冷轧堆法，即将染料和碱剂分开配制，浸轧时由计量泵按比例同时加到轧槽中。浸轧染液时，要采用均匀轧车，以保证织物左、中、右所受到的压力一致，避免造成左、中、右色差。浸轧液温度以室温为宜，一般是 20～30℃，温度过高会加速染料的水解，温度过低会影响染料的扩散和渗透。室温浸轧染液，必须严格控制带液率，带液率以低些为宜，这样织物上的游离水减少，染料主要与纤维发生固色反应，染料的水解在一定程度上降低；如果带液过多，织物上的游离水较多，在堆置的过程中染料的水解加剧，一般棉织物的带液率控制在 60%～80%。

2）打卷堆置

针织物的结构比较疏松，对张力比较敏感，且容易出现卷边现象，打卷时要严格控制好张力和织物卷边，做到恒张力、恒线速度，确保染后织物平整收卷。打卷后的织物要用塑料薄膜密封包紧，并使布卷以 4～6r/min 的速率匀速转动，保证染液吸收均匀。打卷堆置的时间取决于染料的反应性、固色碱剂的碱性和用量，堆置时间太短固色反应不充分，太长反而会使染料水解。不同类型的活性染料堆置时间不同，一般为 2～24h。堆置过程中，染料有较长的时间进行扩散和固色，所以冷轧堆染色织物固色率高，匀染性好。

3）水洗

打卷堆置一定时间后退卷，为了充分去除织物表面的浮色和未反应的染料，需要进行冷水洗、皂洗、热水洗等，以提高染色针织物的湿牢度。

（3）主要技术创新点及经济指标

由于冷轧堆染色是在室温下长时间缓慢固色，避免了泳移现象的发生，对于松紧厚薄织物，染料的渗透性都极佳，产品的色光更纯正；冷轧堆染色在室温下进行，没有烘燥和汽蒸工序，节省能源；冷轧堆染色具有较高的重现性和可靠性；冷轧堆染色设备投资少，占地面积小；冷轧堆染色采用开幅处理方式进行，织物没有折痕；冷轧堆染色处理过程中，织物受到的张力、摩擦力小，避免了织物的起毛问题，织物的表观效果和手感均有较大提高。

冷轧堆染色工艺在节能降耗方面是显而易见的，据资料显示：与 1∶8 溢流染色加工工艺的成本相比在用水和用盐方面降耗明显，具体见表 2-15。

表 2-15 冷轧堆染色与溢流染色的成本比较（5t 布）

工艺参数	溢流染色	冷轧堆染色
前处理用水/m³	40	5
前处理水洗用水/m³	160	30
染色用水/m³	40	5
染色后水洗用水/m³	200	75
染色用盐/t	2.5	0
后整理用水/m³	40	5
总耗水量/m³	480	120
总耗盐量/t	2.5	0

与连续轧染工艺相比，冷轧堆染色工艺在蒸汽与电的消耗方面降低 30%～40%，染料固着率可提高 20%～25%，污水处理降耗 10%。除此之外，冷轧堆染色工艺的条件相对连续轧染工艺也较温和，织物在染色过程中受到较小的张力，所以织物的染色效果和手感都有较大的提高。冷轧堆染色工艺是印染企业提高产品档次、降低成本、改善环境的重要途径之一。

（4）工程应用

常州市某印染厂联合东华大学曾进行过"纱线冷轧堆染色技术与装备"的研究。经过多年的准备和论证，并克服重重困难，在一步法染纱设备、球经染纱设备的基础上研发了针对纯棉纱线的冷轧堆染色设备；自行研发了多盘头卷绕技术、片纱输送装置，逐步解决了纱线在冷轧堆染色过程中的乱纱以及分纱问题，制成了一套纱线冷轧堆染色样机，并且通过生产实践表明纱线冷轧堆染色是可行的。

本项目成果染 1t 纱线的费用与传统浸染的费用比较结果见表 2-16。

表 2-16　两种染色方式的费用对比

项目	水 /t	染料 /元	助剂 /元	电 /kW·h	汽 /t	工人 /人	倒筒费 /元	分经费 /元
传统浸染	120	300	1000	1200	8	20	1500	无需分经
冷轧堆染色	20	210	400	600	2.5	4	无需倒筒	500

由表 2-16 可见，与传统浸染相比，纱线冷轧堆染色用水量节省 80%，染料费用节省 30%，助剂费用节省 60%，电损耗减少 50%，蒸汽用量削减 2/3 以上，人力资源需求量仅为原来的 1/5，而且无需倒筒，节省了倒筒费。按现行常规浸染工艺，每染 1t 纱成本价平均为 7800 元，而纱线冷轧堆染色仅需 2700 元左右，成本下降了约 5000 元，一套纱线冷轧堆染色设备每天可染纱 15t，相当于价值 5000 万元左右的浸染设备的产量。日节省成本 7.5 万元左右，每年实现新增产值 1.35 亿元或加工产值 4500 万元，新增利润 2500 万元，新增利税 600 万元，可带来极其可观的经济效益。

2.2.4　小浴比匀流染色技术

2.2.4.1　技术简介

匀流染色机为超低浴比溢流染色机，不使用气流输送织物，整个绳状漂染处理过程包括前处理、染色及后续水洗工艺均由浴液完成。匀流染色机使溢流染色机能提供与气流染色机相同的小浴比，由于水洗效率更高，使得整个处理过程的总耗水量小于气流染色机。该技术的应用既达到了节能减排的目的，又成功避免了使用气流染色机对织物造成的张力大、布面起毛严重以及高耗电、高噪声和处理织物品种有限等实际生产问题。小浴比染色可减少能源和水的消耗，还可加快上染速率，在一定程度上提高固色率，故可以减少盐用量，进行低盐染色，且能提高染料和碱剂的利用率，有利于改善染色重现性、匀染性，提高净洗效率，确保产品品质。

2.2.4.2　适用范围

适合表面积大、吸收染料快的织物，如 Tencel 纤维和超细 Lyocell 纤维等织物。

2.2.4.3　技术就绪度评价等级

TRL-8。

2.2.4.4　技术指标及参数

（1）基本原理

在匀流染色机中，待染色布通过机内导布辊带动，经溢流喷嘴的溢流带动在缸内作同向而不同步的共同运动。其染色过程：待染色布浸湿膨化，随着染液温度的升高，被染物在喷嘴处与"新鲜"染液接触，为物质/能量交换和染料上染创造条件，染液中的水分子带动染料分子以一定的动能在纤维间吸附、渗透、固着，进行染色"泳移"运动，经过如此上百次的重复，染料分子"泳移"达到平衡，完成染色。

（2）工艺流程

以印染设备生产制造而闻名的意大利巴佐尼有限公司推出其最新改进版INNOFLOW匀流染色机，如图 2-4 所示。其实质为超低浴比溢流染色机，不使用气流输送织物，整个绳状染色处理过程包括染色及后续水洗工艺均由浴液完成。

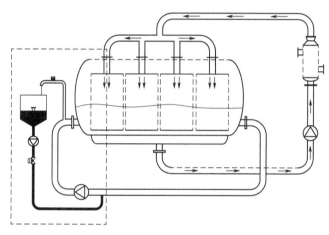

图 2-4　匀流染色机工艺流程

（3）主要技术创新点及经济指标

与织物速度同步的新型摆布装置与新型织物运送系统结合，也可以开幅的形式处理弹性织物。按照被处理织物定制的新型一体化自动管理/控制任务执行组件（辊、泵、喷嘴位置）用于平衡和控制每个布环的新型系统，保证所有的布环都拥有相同的运行速度，只有在这种情况下才能用圈方式来控制工艺。由于有了这个新型系统，虽然在不同时间内处理织物，却总是能保证相同的浴液/织物交换次数，因而保证了染色的重现性。新型的储布槽结合新型的提布轮和胶条，它们能保证织物更顺利地在布槽中运行，减少织物的张力；同时增加了染液注入机器时底部染液的循环/交换，并改善了机器的排放。大孔径的快闭门易于接触机器内部，便于各种维护和染色过程中的处理（垫圈可更换）。新型机器内壁清洗系统即使在有沉淀物和织物残留的情况下也能保证理想的清洗效果。

染色浴比直接关系到染液中染料和化学品浓度，进而关系到染料的上染率和固色率，也关系到染液稳定性、染色匀染性和重现性。染料的上染率和固色率在一定范围均随浴比减小而增加，不同染料增加的速率不同，而且固色率与上染率增加的速率也不同，一般上染率的增加比固色率增加迅速。由于小浴比染色不仅可以加快上染速率，还可以在一定程度上提高固色率，故而可以减少盐用量，即进行低盐染色，且可以提高染料和碱剂的利用率。一般来说，小浴比染色有以下优点：a. 减少能源和水的消耗；b. 降低盐和碱剂用量；c. 减少染料用量；d. 有利于改善染料重现性和匀染性。

匀流染色机与以往的气流染色机相比，还具有装机能耗小，机器备件更换、维修方便，降低噪声等特点。匀流染色工艺及匀流染色设备在欧洲发达国家及国内大型印染企业已有应用，其优异的节能、减排工艺效果已逐渐为业界认可。

（4）工程应用

某印染企业引进了一台 INNOFLOW 匀流染色机。实践表明，匀流染色机与常规染色机相比染色时间缩短 14%～16%，染料节省 10%左右，助剂节省（盐、碱）30%左右；耗水量节省 50%以上，蒸汽节省 50%左右，电能节省 25%左右；排污也相应减少 50%以上。除此之外，因为高效高产量，可以减少购买机器台数，节省了投资，更节省占地面积，减少建筑费用及其他相关费用，有利于环保。

某印染企业在清洁生产改造过程中，以 14 台高效节能环保匀流染色机取代低效高耗高排放的传统溢流染色机，节能环保匀流染色机投产后，针织物印染生产效率提高 20%，吨布耗水量下降 50%，吨布废水排放量下降 40%，吨布耗汽量下降 50%，吨布耗染化助剂量下降 30%，吨布 COD 产生量下降 30%；提高了染色一次成功率，提高了产品质量和产品档次水平，提高了经济效益。

2.2.5　涂料染色技术

2.2.5.1　技术简介

涂料染色是一种新型的染色技术，它用涂料代替染料依靠螯合剂及交联剂作用固着在织物上。不同于染料，涂料是不溶性的有色物质，由颜料、分散剂和润湿剂等组成，不能进入纤维内部，与纤维没有亲和力，不能按常规染料的染色工艺条件进行染色，只能借助黏合剂、交联剂的作用固着在纤维表面，即涂料染色是表面固着的过程。涂料染色是将涂料、黏合剂、其他助剂等混合制成色浆，根据产品质量、生产量等因素合理选择染色加工方式，浸渍或浸轧，织物均匀带液后，经预烘、焙烘，使之固着在织物表面。长期以来涂料在印染行业中广泛应用于印花，涂料染色直到 20 世纪 60 年代才有专利和研究报告发表。经过 50 余年的发展，涂料染色现已遍及全球。我国的涂料染色起步较晚，20 世纪 80 年代后期才开始实验、应用并大批量投产。随着新型黏合剂、助剂的不断出现以及技术的日臻完善，涂料染色技术得到了国内外印染工作者的广泛关注，涂料染色产品以其丰富的色彩和独特的风格受到广大消费者的青睐。涂料染色与传统的染色工艺相比有加工工艺简单、加工流程短、色谱广、易于拼色、设备简单、成本低、生产效率高、节能节水、污水排放少等优点。同时该工艺也存在色牢度较差、不耐水洗和摩擦、颜色鲜艳度差、纺织品手感较差、透染性差等不足之处。

2.2.5.2 适用范围

适用于各种纤维的染色，不仅对染料无法染色的纤维有明显染色优势，例如玻璃纤维、金属纤维等，而且对多组分纤维的染色效果也很明显，例如荧光涂料。

2.2.5.3 技术就绪度评价等级

TRL-8。

2.2.5.4 技术指标及参数

（1）基本原理

涂料染色可以采用浸染和轧染两种方式。染色过程中涂料、染色添加剂或其他助剂以一定比例混合均匀，通过浸染或者轧染使涂料颗粒沉淀在纤维表面，然后通过固色、烘干、焙烘等流程使纤维表面水分蒸发，从而缩小黏合剂分子聚集体之间的空间距离，在纤维表面包覆坚韧耐磨的高分子膜，防止涂料颗粒的脱落。浸染时，由于涂料颗粒对纤维没有亲和力，纺织品染色前都要经过阳离子化改性处理，使纤维带上正电荷后再染色。在轧染工艺中，为了提高涂料的固色率也有对纤维先进行阳离子化改性。不论是浸染或是轧染染液黏度不高，使用的涂料颗粒粒径一般要求比印花的更细，所以要求涂料有更高的分散稳定性。

（2）工艺流程

涂料染色的加工方法有两种，即轧染和浸染。

涂料轧染工艺流程一般如图 2-5 所示。

织物改性 ——→ 轧染 ——→ 预烘干 ——→ 焙烘

图 2-5 涂料轧染工艺流程

涂料染色首先是在连续轧染中得到应用，轧染的染液一般包括涂料、黏合剂、交联剂、渗透剂、柔软剂等，属于连续式生产，产量高，易于控制，适合大批量生产。轧染时通常采用两浸两轧工艺。预烘干过程对染色织物的匀染性影响较大，温度不宜过高。焙烘是为了提高黏合剂的交联度，烘干时温度不宜过高，一般控制温度在 120～180℃。黏合剂对涂料轧染染色效果的影响较大，在选择时需要尤为注意。聚丙烯酸酯黏合剂具有良好的耐老化泛黄性能，性价比较高，但易产生粘辊现象，水性聚氨酯黏合剂则具有不燃、柔韧性好、环保、易清理等优点。以 N-(2-羟乙基)乙二胺为扩链剂合成聚酯型聚氨酯黏合剂，用于涂料染色能获得较高的色牢度和颜色深度。阳离子型黏合剂和纤维之间的结合力较强，染色后织物牢度和手感较好。采用丙烯酸丁酯、苯乙烯为单体，通过乳液聚合方法合成阳离子型乳液，将其作为黏合剂用于棉织物轧染时，织物耐摩擦牢度和耐皂洗牢度分别从 1～2 级和 3～4 级提高到 3 级和 4～5 级，且织物拥有良好的手感。

轧染的难点主要在于染色时黏合剂易粘轧辊和导辊，染深色时耐摩擦牢度和手感不理想，限制了其应用。阳离子改性技术的出现进一步优化了涂料连续轧染，纤维先浸轧改性剂后浸轧染液，可获得较好的效果。但由于阳离子改性均匀性的问题，易造成染色不均。

涂料浸染工艺流程一般如图 2-6 所示。

织物改性 ——→ 浸渍上染 ——→ 焙烘

图 2-6　涂料浸染工艺流程

用环氧氯丙烷胺化物对棉织物改性，并用涂料对其染色，经低温交联剂固色后改性棉织物对涂料吸附能力大幅度提高，染色深度明显提高，且耐干、湿摩擦牢度均能达到 4 级。采用浓度 7％阳离子改性剂对真丝织物改性，涂料染色后其皂洗牢度提高 3 级，耐干、湿摩擦牢度均提高 2～3 级，且对织物的手感没有明显影响。羊毛织物经阳离子改性剂改性，经涂料浸染染色后干、湿摩擦牢度分别达到 3～4 级和 4 级，且手感柔软。采用空气等离子体技术对亚麻纤维刻蚀，先以等离子体处理再浸渍接枝液改性工艺优于先浸渍接枝液再以等离子体处理工艺，前者亚麻纤维的上染速率和染色牢度显著提高，其中初染速率提高 2 倍，平衡上染百分率达到 64％，染色牢度提高 2 级。涂料浸渍上染中，需控制涂料浓度、黏合剂的选择和用量、染色温度、染色时间等工艺条件。

阳离子改性技术的完善，使涂料浸染成为一种可能。浸染适合小批量、多品种的生产，也适合纱线、针织品染色等，可产生石洗、磨白、碧纹等效果，特别适合成衣染色。浸染技术的发展在一定程度上弥补了轧染的不足。涂料浸染染液基本组成与轧染基本相同。存在的主要问题是颜色控制和修色困难、染色不均、摩擦牢度低，尤其是深色品种的耐湿摩擦牢度。此外，改性后的纤维与涂料之间由于静电引力，虽提高了上染率，但使得颜料颗粒向纱线内部的扩散变得困难。

涂料染色工艺所用涂料主要由黏合剂、交联剂、防泳移剂及其他助剂组成。涂料染色的黏合剂是用来包覆颜料，并且在纤维表面形成透明薄膜的高分子化合物。要求所成薄膜柔软有弹性，织物表面无粘黏感，黏着力强，受外界环境影响性能稳定等。在涂料染色中加入交联剂，一方面可以提高黏合剂对颜料的固着牢度，提高染色效果；另一方面，对于降低黏合剂的成膜温度有一定的作用。但是，考虑到加入交联剂后产品手感问题，要适当控制加入量。涂料染色焙烘过程，由于温度的不均匀很容易导致颜料泳移，造成染花。泳移是不可避免的，因此染色过程中除了进行均匀烘干和降低轧余率外，在涂料色浆中要加入防泳移剂，确保染色均匀。为了提高涂料染色织物品质，生产过程中往往还要添加一些辅助剂，如改善手感的柔软剂、提高渗透性的渗透剂、加速反应进行的催化剂、减少气泡的消泡剂等。

（3）主要技术创新点及经济指标

涂料染色和染料染色相比，具有如下优点：

① 涂料对任何纤维都没有亲和力，不存在上染过程，只存在黏着或着色过程。因此，它对各种纤维不存在选择性，适用于各种纤维，包括染料无法染色的玻璃纤维、金属纤维等，且特别适用于多组分纤维纺织品染色。

② 由于没有亲和力，使它在拼色时不存在竞染和配伍性问题，易于拼色，重现性好，便于从小样放大样和颜色控制。

③ 可以选用不同发色体系的有色物质，染色包括同时选用有机和无机有色物质拼用，不但色谱齐全，且可以获得染料染色无法得到的颜色或效果，如金银色、珠光和闪光色等特殊染色效果；也容易得到高耐光、耐气候和耐化学品作用的品种。

④ 加工工艺简单，因为只对纺织品发生着色或黏着过程。最简单的工艺只包括染色和烘干两步，加工流程短，设备简单，不仅生产效率高，更重要的是节能节水，污水排放少，因此大大降低了成本。

（4）工程应用

某印染企业研究开发了特阔幅涂料轧染产品，其关键是解决了阔幅涂料轧染均匀性、色牢度、手感、粘辊、设备等问题。通过一系列测试、实践，证明生产的几种色号、染色牢度均符合客户要求，而其中耐刷洗牢度稍低些。将特阔幅纯棉涂料轧染与特阔幅纯棉活性染色相比较，涂料染色能耗明显下降，特别是节约用水、减少污水排放、符合清洁生产。经检测此产品的甲醛含量小于 20×10^{-6}，无禁用的23 种芳香胺的化合物，符合 OeKo-Tex 标准生产，涂料染色与传统染色成本对比见表 2-17。

表 2-17 特阔幅纯棉涂料轧染与特阔幅纯棉活性染色成本对比

项目	水耗量 /(t/100m)	电耗量 /(kW·h/100m)	蒸汽耗量 /(kg/100m)	染化料 /(元/100m)	管理费用 /(元/100m)	成本合计 /(元/100m)
涂料轧染	0.018	5	35	43.80	20	72
活性染色	1	8.8	45	45	25	86.51

2.2.6 无水染色技术

2.2.6.1 技术简介

无水染色是利用超临界 CO_2 流体作为介质进行染色，该技术无污染、零排放，实现了染色过程的清洁化生产。超临界流体染色（Supercritical Fluids Dyeing，SFD）工艺在克服传统印染行业水资源浪费、废水污染严重的问题上表现出了优秀

的特性。1988 年，德国西北纺织研究中心的科学家 E. Schollmeyer 等首次提出了
以超临界二氧化碳（Supercritical CO_2，SC-CO_2）流体代替传统水浴，对纺织品进
行无水染色的概念。研究发现，超临界 CO_2 流体是一种安全、环保、绿色的流体
介质，以其代替传统水浴对纺织品进行染色加工，可彻底实现绿色、环保、清洁化
生产。

2.2.6.2　适用范围

超临界流体染色（SFD）工艺备受青睐。这是因为这种工艺解决了水染工艺存
在的问题，真正实现了无水染色。应用范围极广，不仅适用于涤纶、尼龙、芳纶、
丙纶等合成纤维，在天然纤维的染色上也有广阔的发展前景。

2.2.6.3　技术就绪度评价等级

TRL-7。

2.2.6.4　技术指标及参数

（1）基本原理

超临界流体的形成过程是指在临界温度（T_c）以上，液态和气态共存，两者
之间存在一个明显的界面；随着温度升高，压力增大，液态与气态间的界面逐渐模
糊，当达到临界压力（P_c）以上时，液态与气态之间的界面彻底消失，以新的流
体状态存在，即为超临界态。所以通常当物质的温度和压力高于其临界温度和临界
压力时转变为超临界流体。工业技术中常见的超临界流体有 CO_2、NH_3、C_2H_4、
C_3H_8、C_3H_6、H_2O 等。超临界流体呈现既不同于气体也不同于液体的独特物理
化学性质，具体列于表 2-18。

表 2-18　气体、液体与超临界流体性能

物理性能	气体	超临界流体	液体
测试条件	1.01325kPa,15～30℃	T_c,P_c	15～30℃
密度/(g/cm³)	$6\times10^{-4}\sim2\times10^{-3}$	0.2～0.5	0.6～1.6
黏度/[g/(cm·s)]	$1\times10^{-4}\sim3\times10^{-4}$	$1\times10^{-4}\sim3\times10^{-4}$	$2\times10^{-3}\sim3\times10^{-2}$
扩散系数/(cm²/s)	0.1～0.4	7×10^{-4}	$2\times10^{-6}\sim3\times10^{-5}$

如表 2-18 所列，超临界流体密度与液体近似，具有与液体相似的溶质溶解性；
黏度与气体近似，表现出类似气体易于扩散的特点，有利于向基质的渗透扩散。对
于超临界 CO_2 而言，流体临界点的发散或反常性会在超临界状态中得到持续，并
呈衰减趋势。在临界点 P_c 和 T_c 时，等温压缩率为无限大，但随着 T/T_c 值的增
加，它将逐渐下降。在 $1<T/T_c<1.2$ 范围内，等温压缩率值较大，说明压力对密

度变化比较敏感,即适度地改变压力就会导致超临界CO_2流体密度的显著变化。在此基础上调节染料在超临界CO_2流体相中的溶解行为,使得染料以分子形式逐渐靠近纤维界面,通过自身扩散作用接近并完成对纤维的吸附,从而快速地扩散到纤维孔隙中,实现纤维染色。

(2)工艺流程

1)静态染色流程

初期的SFD工艺多采用静态染色工艺,如图2-7所示。其流程为:将被染织物和染料置于密闭的高压染色釜中,用加压泵注入SC-CO_2后关闭阀门,让温度、压力等工艺参数达到超临界流体染色的要求,染料不断被溶解扩散到织物上并完成上染。染色釜中通常还设置搅拌装置,促进染液的运动,以提升上染效率和均匀度。

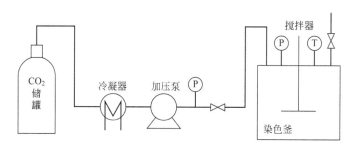

图2-7 超临界流体静态染色工艺流程

该工艺被大量应用于实验室规模的染色试验。一些机构和科研人员采用静态染色工艺进行SFD试验,用以研究温度、压力和时间对于不同织物在SC-CO_2中染色效果的影响。静态染色工艺的特点是无超临界流体循环,即在染色过程中无SC-CO_2的循环,仅在最初进行一次CO_2的填充,并在染色结束后排空容器取出被染物,这样即使采用搅拌器,染料上染的扩散速度也比较慢,所以染色效果较差。

2)动态染色流程

针对静态染色工艺流程中被染织物和染液没有相对流动这一不足,在其基础上发展出了动态染色工艺流程。1995年德国西北纺织研究中心建造的新SC-CO_2染色实验装备展示了一种典型的动态染色工艺流程,如图2-8所示。染色时,将被染物装入高压染色釜,染料装入染料罐中,关闭压力容器;储罐内的液化二氧化碳冷却后用加压泵充装到染料罐、染色釜和染色循环管路中,用加热器加热二氧化碳到预定温度,SC-CO_2溶解染料罐内的染料,并将它送到染色釜进行染色。动态染色流程相比于静态染色流程增加了染液循环单元,循环装置使染液不断在高压染色釜与染料釜之间往复循环,当SC-CO_2经过染料釜时,染料不断溶解到流体中,带有染料的染液通过染色釜时,染料就上染到织物或纱线上。总体来说,动态SFD工艺染色效果要远优于静态SFD工艺染色效果,目前大多数超临界流体染色实验装置也都采用动态染色工艺。

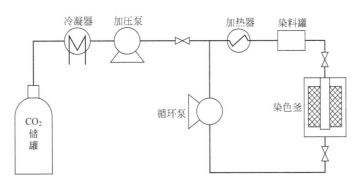

图 2-8　超临界流体动态染色工艺流程

（3）主要技术创新点及经济指标

开发 SC-CO$_2$ 流体染色专用商品化染料体系。基于相似相溶原理从传统商品染料中筛选出适宜于 SC-CO$_2$ 流体染色的染料结构；并依此开发新型染料结构合成修饰技术，研制适宜于微酸性 SC-CO$_2$ 流体染色的专用分散染料和活性分散染料结构，建立无水染色专用商品化染料体系。国际上有关 SC-CO$_2$ 流体染色产业化装置的研究数据仍较少，创新设计染色釜、染料釜、分离器等关键设备，扩展计算机软件在 SC-CO$_2$ 流体染色装置模拟仿真中的应用，实现产业化生产中流体输送增压过程、流体升温过程、染色循环过程、分离回收过程强化，有效保障超临界流体染色整套装备的工业放大。同时构建 SC-CO$_2$/染料二元平衡体系及 SC-CO$_2$/染料/纤维三元体系相平衡模型；基于染色温度、压力、时间、流体流量对纤维染色性能的影响原理，系统开展 SC-CO$_2$ 流体染色拼色技术研究，建立实验规模到产业化染色工艺的放大效应关系，从而实现色谱齐全的 SC-CO$_2$ 流体染色加工。

与传统染色技术相比，SC-CO$_2$ 流体染色技术中染料及其 CO$_2$ 介质的扩散性能好，扩散系数大，远高于传统水浴中的情况，可以节约能源和加工时间，而且染浴中一般不添加其他助剂，有利于染色产品的色泽鲜艳度和牢度的提高，以及保护纤维/织物的品质，同时无染色废水和其他废弃物产生。与水介质染色过程相比，SC-CO$_2$ 流体染色全过程无水，CO$_2$ 无毒、不易燃烧、价格低廉，染料和 CO$_2$ 可循环使用，"零排放"无污染，并具有上染速度快、上染率高的优势，可实现清洁、绿色、环保化加工。

（4）工程应用

大连工业大学与中昊光明化工研究设计院有限公司合作，2015 年研制了中国首台千升规模的多元超临界流体染色装备系统，并在福建省三明市实现示范生产，满足了散纤维、筒纱的工程化无水染色需要，形成了国际领先的核心知识产权，初步具备了 SC-CO$_2$ 流体染色技术工程化总承包能力。

2.2.7　泡沫染色技术

2.2.7.1　技术简介

　　泡沫染色技术是以空气代替部分水，使染液以泡沫的形式上染织物的一种节能节水的环保染色过程。泡沫是由大量气体分散在少量液体中形成的微泡聚集体，其界面上的表面活性剂亲水部分朝向液相，疏水部分朝向气体内部，这些微泡聚集体以液体薄膜相互隔离，且具有一定的集合形状，是一种微小多相、黏状而且不稳定的体系。泡沫的形成与泡沫液和发泡设备均有关系，其中能否发泡主要取决于泡沫液的组成，而发泡质量则不仅与泡沫液的组成有关，还与发泡设备有关。泡沫染色以泡沫为传递介质，浴比小，可减少染料、助剂用量和用水量。以棉织物染色加工为例，相比传统浸轧方式，棉织物带液率下降40%以上，可降低能耗50%，节水40%，节约化学品20%，提高生产效率50%，还能避免泳移、染色不匀。

　　总之，泡沫染色技术具有显著的生态环保优势，是实践环保政策的一大关键技术，必将具有十分广阔的应用前景。

2.2.7.2　适用范围

　　泡沫染色技术可以实现单面染色和双面差异型染色，可应用于纺织品的多个加工环节，还可以用于无纺布、地毯等的加工。有研究表明泡沫染色可应用于还原染料的悬浮体染色、活性染料染色和分散染料染色。利用泡沫染色渗透性差的特点，可开发彩色牛仔布面料，通过环染和后道水洗，产生牛仔的仿旧效果。

2.2.7.3　技术就绪度评价等级

　　TRL-8。

2.2.7.4　技术指标及参数

　　（1）基本原理

　　气泡在含有表面活性剂的水溶液中，被一层表面活性剂的单分子膜包围，当该气泡冲破了表面活性剂溶液与空气的界面时，第二层表面活性剂包围着第一层表面活性剂膜，而形成一种含有中间液层的泡沫薄膜层，在这种泡沫薄膜层中含有纺织品整理所需的化学品液体，当相邻的气泡聚集在一起时就成为泡沫。泡沫通过直接或间接方式施加到纺织品的表面并渗透进织物内部，从而实现织物的染色。

　　（2）泡沫染色工艺流程

　　先将发泡剂、稳泡剂、染料及助剂制成染液，通过泡沫染色机进行发泡，然后经施加装置涂覆在织物上，经汽蒸上染织物，再经皂洗、水洗、烘干。

　　具体工艺流程见图2-9。

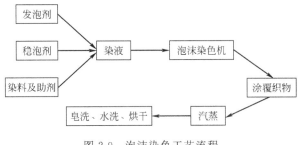

图 2-9 泡沫染色工艺流程

（3）主要技术创新点及经济指标

泡沫染色的好坏很大程度上取决于泡沫性能，泡沫性能包括起泡性、稳定性、均匀性；而泡沫性能的好坏不仅与发泡剂的种类及浓度、添加剂、染料有关，还与发泡方法、发泡设备有关。因此，在提高泡沫染色技术上，可考虑优质发泡剂的开发，着重考虑高表面活性、有效降低溶液的表面张力等特点，并且在机械作用下能够利于泡沫的形成，使泡沫的密度、稳定性、均匀性、润湿能力，及泡沫的大小和流动性符合加工过程化学品的渗透性、均匀性等要求。传统的发泡设备一般都比较昂贵，研发新型高效、经济的发泡设备将有利于泡沫染色技术的应用，同时泡沫加工设备的控制精确性也有待提高，这样才能真正使泡沫染色技术得到生产企业的认可。

泡沫染色与常规轧染的染色效果对比见表 2-19。常规染色工艺选择 5g/L、10g/L、15g/L、20g/L 的染料进行染色，泡沫染色工艺中染料浓度为 10g/L、20g/L、30g/L、40g/L。分别设上述的 4 个浓度所对应编号为 A、B、C、D，则在对应浓度下采用两种染色工艺染色，测定染色布样的 K/S 值，结果如表 2-19 所列。

表 2-19 泡沫染色工艺和常规轧染工艺染色深度对比

编号	K/S 值	
	常规轧染	泡沫染色
A	2.93	3.11
B	4.65	4.81
C	6.59	6.77
D	8.43	8.74

注：K/S 值为染色深度值，其是用 Datacolor SF-600 测色配色仪对染色织物进行测试，在织物上取 8 个点测定 K/S 值，求出平均值，即是染色深度值。该值越大，染料染色性能越好。

由表 2-19 中可知，依照试验设计的工艺条件，泡沫染色工艺的布样 K/S 值比常规工艺布样的 K/S 值大，即表面得色量多，这是因为泡沫染色的染液对织物的渗透性较小，当泡沫与纤维表面接触后，因泡沫内的染料浓度高而水分少，来不及渗透到纤维内部就均匀地破裂于纤维的表面或者是仅仅渗入到纤维内部较浅的部位，使织物的表面得色量增加；同时，由于泡沫染色过程中布面的带液率低，从而减少了染料泳移，可以提高织物的匀染性。

设常规轧染工艺的染料用量为 10g/L，泡沫染色工艺的染料用量为 20g/L，在带液率分别为 35%、70% 的条件下进行染色，两种工艺染色后布样的耐干、湿摩擦牢度及耐水洗牢度如表 2-20 所列。

表 2-20　泡沫染色工艺和常规轧染工艺染色牢度对比

染色方法	耐湿摩擦牢度/级		耐干摩擦牢度/级		耐水洗牢度/级	
	水洗 5 次	水洗 10 次	水洗 5 次	水洗 10 次	水洗 5 次	水洗 10 次
常规轧染	3	2	4	3	4	4
泡沫染色	3	2	4	3	4	4

由表 2-20 可知，泡沫染色工艺和常规轧染工艺染出布样的耐摩擦牢度相当，耐水洗牢度也相当，说明在控制好泡沫工艺参数的情况下可以得到与常规染色工艺同样的染色效果。

泡沫染色工艺和常规染色工艺能耗比较见表 2-21。棉织物活性染料浸染时一般选择小浴比 [(1:10)～(1:20)]，因为大浴比会严重降低染料的利用率，而太小的浴比会严重影响匀染性。如果选择溢流染色机染色，浴比按 1:15 计算，那么以双活性基 M 型染料为例，染 1t 织物要用水 15t。

表 2-21　1t 布浸染和泡沫染色的能耗比较

参数	常规轧染	泡沫染色
带液率/%		35
烘焙温度(或上染固色)/℃	60	150
时间/min	60～90	2
车速/(m/min)		88
总能耗/kJ	2.58×10^6	3.34×10^5
污水排放量/t	13.5	0

在染色过程中用于水和织物升温所用的总热量是 2.58×10^6 kJ，达到染色温度后，还要保温一定时间，在此过程中还要消耗一定的热量；而且在浸染过程中，假设物质因溶胀带液率为 120%～150%，以 150% 的带液率来算，则有 13.5t 水被消耗掉了。而泡沫染色过程中，是预先将染液泡沫化（消耗少量的电能），然后对待处理织物进行涂覆，由于纤维对溶液的吸收不会达到过饱和，一般不会出现溶液从纤维中挤压出的情况；如果溶液有残留的话，也仅仅是少量的泡沫，并且这些泡沫破泡以后得到的染液浓度与配方浓度完全一样，多数情况下可以回收利用。假设残留的泡沫液为 10%～30%，则 70%～90% 的泡沫液完全利用了。以泡沫染色工艺 35% 的带液率、70% 的泡沫液利用率计算，并按照 1:15 的浴比、染化料是浸染用料的 3～5 倍来配制泡沫染色溶液，能染出相当于用浸染工艺 30 倍质量的布，可认为用了 5 倍于常规浸染工艺的染化料加工出 30 倍于浸染工艺的布，也即是 1:6 的

效率，加工效率提高了 500%。处理 30t 棉总的能量消耗为 10.02×10^6 kJ。

常规浸染中总热量为 2.58×10^6 kJ，泡沫染色工艺的总能耗为 10.02×10^6 kJ，即泡沫染色的总能耗是常规浸染的 4 倍，但这是泡沫染色染出 30 倍于常规浸染所染布样消耗的能量，因此泡沫染色染出同常规浸染相当量的布样时所耗费的能量是常规浸染的 12.9%。

（4）工程应用

誉辉化工经过多年的研究与实践，创新性地突破了传统的泡沫低给液整理与涂层的理论并成功地制造出了能够将泡沫精确地控制并均匀地施加到织物上的设备。此设计将给液精度控制在 1% 以内，通过泡沫充气的程度来调节施加到织物上的深度，也就是调节染液或整理液深入织物的深浅，专利的泡沫分配施加与泡沫同步技术可使化学品在织物经向与纬向上均匀分布。Neovi-Foam 泡沫施加装置的设计保证了泡沫到达织物表面或喷入织物内部横向施加均匀，没有左右偏差或条纹产生，能够沿着织物横向上均匀施加化学品，在织物前处理满足要求的条件下，该施泡装置能够达到中边色差很小，完全可以满足印染化学品均匀施加的需要。同时保证泡沫均匀地渗透并在织物内部发生衰减，幅宽变化时泡沫施加位置可随之调整而泡沫施加均匀程度几乎无影响，可以根据客户的需要调整加工的幅宽范围、安装位置，或根据厂房设备进行量身定制。

2.3　印花工序清洁生产技术

2.3.1　转移印花技术

2.3.1.1　技术简介

把颜料或染料印刷在纸、橡胶或其他载体上，然后移印到待印的商品上称转移印花，但狭义而言转移印花系指以纺织品作载体的移印技术。转移印花主要应用在聚酯纤维品上，随着转移印刷术的提高，在尼龙、丙烯腈、棉、麻、毛织品上也得到普遍应用。转移印花技术自 20 世纪 50 年代以来不断发展，其加工设备不断更新，加工技术不断完善，织物原料的适应范围越来越广。近年，由于染料助剂的开发，该项工艺在毛及毛纺织物的印花加工技术上有了重大突破，织物经印花后具有优异的耐水洗、耐磨、耐汗渍牢度等性能。

转移印花分湿法、干法、蒸汽法、真空法、热法等多种形式。转移印花法能够精确再现图案，便于机械化生产，且工艺简单，尤其是印花后处理工艺比传统印染简单而印花手感与印染相同，因而大有逐步替代老法印花之势。但在我国大多数印染厂仍采用传统印染法进行，只有少数生产单位采用转移印花法进行生产。目前使用较广的热熔胶的树脂除聚酯外还有聚酰胺、乙烯-乙酸乙烯共聚物和聚氨酯等。聚酯热熔胶主要成分是聚酯树脂，聚酯树脂是多元酸与多元醇进行酯化而得。聚酰胺热熔胶黏合力强、韧性强、抗低温，与尼龙织品亲和力尤佳，适合于制备尼龙转移印花纸。乙烯-醋酸乙烯共聚物熔点低、黏合力强，加入印刷油墨后适用生产转移印花纸。聚氨酯热熔胶主要用于皮革和聚氯乙烯塑胶胶合。转移印花由于待印织品不同，最好使用适合的热熔胶油墨。

2.3.1.2 适用范围

适用于各种合成纤维织物、天然纤维织物及其混纺织物的印花。

2.3.1.3 技术就绪度评价等级

TRL-8。

2.3.1.4 技术指标及参数

（1）基本原理

转移印花是指经转印纸将染料转移到织物上的印花工艺过程。它是根据一些分散染料的升华特性，选择温度在 150～230℃升华的分散染料，将其与浆料混合制成"色墨"；再根据不同的设计图案要求，将"色墨"印刷到转移纸上；然后将印有花纹图案的转移纸与织物密切接触，在控制一定的温度、压力和时间的情况下，染料从印花纸上转移到织物上，经过扩散作用进入织物内部，从而达到着色的目的。

升华法一般经历 3 个过程：

① 在转移过程发生前，全部染料都在纸上的印花膜中，被印花织物和空气隙中的染料浓度为零，空气隙的大小取决于织物的结构、纱支和转移压力。

② 在转移过程中，当纸达到转移温度时染料开始挥发或升华，并在纸与纤维间形成浓度挥发；当被印花织物达到转移温度时，在纤维表面开始了染料吸附，直至达到一定的饱和值。由于染料从纸到纤维的转移是持续进行的，其吸附速率取决于染料扩散到纤维内部的速率。为了使染料能定向扩散，往往将被染物的另一侧抽真空，使染料达到定向扩散转移。

③ 在转移过程后，被染物着色后，纸上的染料含量下降，部分剩余的染料迁移到纸的内部，残留的染料量取决于染料的蒸气压、染料对浆料或转移纸的亲和力和印花膜的厚度。

升华法一般不需要经过湿处理，可节约能源和减轻污水处理的负荷。

（2）工艺流程

现有技术中，常规的转移印花方法包括如下步骤：a. 膜张印花；b. 涂布胶水；c. 膜张与面料复合；d. 放置固化。

膜张印花是用凹版印花的方法做成可剥离的印花纸张或印花膜张，涂布胶水是将胶水涂布在印花纸张或印花膜张上，膜张与面料复合是将印花纸张或印花膜张贴合在面料上，放置固化是将复合的纸张或膜张与面料放置在 60～80℃ 的烘房热固化 10h 左右，以达到所印花的花色与面料的贴合牢固。胶水在配置过程中要添加固化剂，每次生产中添加固化剂以后，胶水在短时间内会凝固成固体，因此涂布胶水后还要在高温状态下保温；放置固化的过程需要大的烘房空间，并且烘房要一直保持相应的温度。

（3）主要技术创新点及经济指标

不同印花工艺的性能对比见表 2-22，产品品质对比见表 2-23。

表 2-22 不同转移印花的性能对比

工艺类别			冷转移印花	全棉改性转移印花	圆网、平网印花
纸张转移率/%			95	75	
固色率/%			95	70	80
图案制作	凹版	效果	原稿效果的 98%	原稿效果的 98%	工艺无法制作
		工艺	分色—电雕—辊坯	分色—电雕—辊坯	
	柔版	效果	原稿效果的 95%	工艺无法制作	工艺无法制作
		工艺	分色—电雕—树脂版		
	网版	效果	原稿效果的 85%（8～12 色以上）	工艺无法制作	原稿效果的 85%（8～12 色以上）
		工艺	分色—显影—印版		分色—显影—印版

表 2-23 冷转移印花和圆网、平网印花产品品质对比

评价项目	冷转移印花	圆网、平网印花
花样套色能力	优（对花精度 0.01mm）	好（套色精度 0.1mm）
图案表现力	表现高画质高层次三维效果图案	表现多层次立体图案
适用织物	天然纤维及化学纤维均适用	天然纤维及化学纤维均适用
印后织物手感	非常柔软	手感中等
耐日晒牢度	高	可达400h
耐摩擦牢度	优	日晒后耐摩擦牢度差
耐水洗牢度	优	一般

（4）工程应用

苏州市彩旺纺织整理有限公司于 2019 年 5 月 20 日发明了一种转移印花方法，发明公开了一种转移印花方法。

该转移印花方法包括以下步骤。

1）制取印花膜

以耐高温的 PET 薄膜作为印花膜基层，利用凹版印刷机将活性油墨通过印刷辊涂印在印花膜基层上，形成剥离层，通过刮涂的方式在剥离层上涂抹热熔胶，静止冷却后制成转移印花膜。通过改善活性油墨，并在印花膜印制过程中在其表面涂

抹热熔胶，使得印花涂层具备较强的黏附力。

2）转移印花

热熔胶受热后与织物之间产生粘连，配合压辊机的压辊工作，使得印花转移率高，转移效果好，印花清晰。

3）印花固定

转移印花完成后，蒸化发色后利用除湿剂除湿处理后烘干，提高了转移印花处理后织物质量，避免织物纤维受损。

无锡市东北塘宏良染色厂于2014年9月24日公开一种转移印花法，包括：a. 将转移印花色浆印在转印薄膜上；b. 将转印薄膜与含棉面料接触加热，使分散染料由转印薄膜转移至含棉面料。该转移印花法特点在于，所述转移印花色浆包括如下质量百分比的组分：分散染料1%～25%；印花糊料5%～50%；二羟甲基二羟基亚乙基脲1%～5%。与传统含棉面料转移印花方法相比，该发明的转移印花方法能明显提高染料对棉纤维的转移率，且不需要对棉纤维进行预处理，不产生污水。

2.3.2 数码印花技术

2.3.2.1 技术简介

数码印花技术是随着计算机技术不断发展而逐渐形成的一种集机械、计算机电子信息技术为一体的高新技术产品。

数码印花的生产过程通过各种数字化手段，例如将扫描、数字相片、图像或计算机制作处理的各种数字化图案输入计算机，再通过电脑分色印花系统处理后，由专用的RIP软件通过对其喷印系统将各种专用染料（活性、分散、酸性为主的涂料）直接喷印到各种织物或其他介质上，再经过处理加工后在各种纺织面料上获得所需的高精度的印花产品。与传统印染工艺相比，数码印花的生产过程使原有的工艺路线大大缩短，接单速度快，打样成本大大降低。由于数码印花的生产工艺流程摆脱了传统印花在生产过程中分色描稿、制片、制网过程，从而大大缩短了生产时间。接受花样的方式，可以通过光盘、E-mail等各种先进手段，一般打样时间不超过1个工作日，而传统打样的周期一般在1周左右。另外，由于工艺的简化，使打样成本也大大降低。

2.3.2.2 适用范围

根据数码印花工艺的技术原理，经过一段时间的研发和实验，在目前的情况下数码印花主要应用于一些个性化、小批量、快速反应及对环保要求较高的领域及印染生产企业。考虑到数码印花的生产成本及技术特点，目前主要定位于中高档的消费市场。

2.3.2.3　技术就绪度评价等级

TRL-9。

2.3.2.4　技术指标及参数

（1）基本原理

数码印花简单地说就是通过各种数字化手段，如扫描、数字相片、图像或计算机制作处理的各种数字化图案输入计算机，再通过电脑分色印花系统处理后，由专用软件驱动芯片通过对其喷印系统的控制，对染液施加外力，使染液通过喷嘴喷印到织物（或介质）上，形成一个个色点；数字技术控制着喷嘴的喷射与不喷，以及水平和垂直方向的移动，形成相应的、准确的图像，生产出各种高精度的印花产品。

（2）工艺流程

数码印花工艺流程如图 2-10 所示。

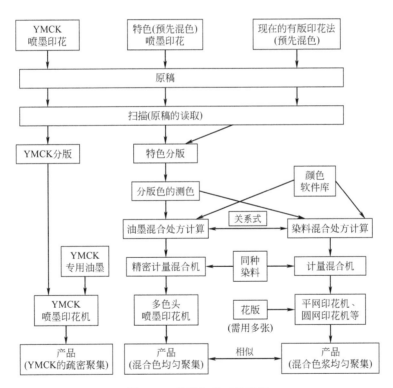

图 2-10　数码印花工艺流程

（3）主要技术创新点及经济指标

上海八达纺织印染服装有限公司于 2019 年 7 月 10 日发明了一种数码印花仿刺绣的加工方法。发明涉及一种数码印花仿刺绣的加工方法，包括：在数码印花前先利用前处理液进行前处理；然后在花形部分再采用热塑型树脂和碳酸盐进行涂层处理；随后数码印花，印花后再利用高温进行处理。发明结合了数码印花与发泡印花，在数码印花上仿制出刺绣的效果；不仅仿制出数码印花的色、形，也能仿制出刺绣的质感，使仿制的产品更能够满足设计师和消费者的需求。

数码喷墨印花具有以下优点：

① 没有颜色限制；

② 没有重复单元大小限制；

③ 制样时间显著缩短。设计人员几小时内就可以看到制样效果，而不像以前需等好几周时间去刻网和制版。设计的变化在屏幕上进行；

④ 几分钟内就能生成多色配色。设计人员能看到通过改变筛网工作秩序后整个图案效果；

⑤ 筛网成本极大地减少，不需要雕刻筛网；

⑥ 通过消除或减少更改插入码，提高企业生产效率；

⑦ 减少修补，节约织物；

⑧ 减少库存成本；

⑨ 减少劳动力成本。

数码喷墨印花设备现阶段的发展水平，以 Amber 数码喷射印花机为例说明如下。

① 无需制网：将以往样品制作时间由数周缩短为仅需 1～2d；无论是一次性、独特的样品制作或少量的订单生产皆能胜任。

② 最佳性能价格比：使用 6 种活性染料，Amber 可在各种天然坯布上打印布花。6 种颜色经处理后有更多的色彩可供使用。Amber 的打印解析度可达到720dpi，不失真地迅速打印出生动鲜艳的色彩，与传统的滚筒圆网印花相比毫不逊色。

③ 样品制作：作为最轻型的数码喷射印花机，Amber 的打印速度可达到1.1～3.0m/h（或 1.8～4.6m²/h，取决于对精确度或速度的要求），打印宽度为1.6m，因此广泛应用于设计工作部门作生产前的准备。Amber 在布料上打印无需选择有特殊里衬的布料；无论是已整理或未经处理的布料，客户均可使用自己的坯布打印。

④ 操作简单，稳定性高：Amber 的喷墨装置会依据需求情况控制喷墨量以避免浪费，以及软件操作十分容易的特性令整体作业简易且稳定性高。套装式软件让客户能自行安排打印坯布。由于这种灵活性，Amber 可匹配各种在 Windows 作业平台下运行的 CAD 系统进行打印。

⑤ 成本节约与环境保护：有效控墨装置的进一步好处是将墨水的浪费减至最低程度，减少了对环境的污染。由于墨水消耗的有效控制，加上免除了制网及相关工序而降低了成本；同时，在有限的时间内得到多种不同的布艺打印样品，为企业带来较好的效益。

各种印花成本比较见表 2-24。

表 2-24　印花成本比较　　　　　　单位：元/m

印花品种	运转长度/m	连续喷墨数码技术		圆网印花技术	平网印花技术
		往返	全幅		
打样	3	38.0	39.0	57	39
样品印花	30	4.0	4.1	5.8	4.1
样品印花	100	1.4	1.4	1.9	1.4
生产性印花	300	0.7	0.6	0.7	0.6

（4）工程应用

上海某印染企业将半漂布浸轧渗透剂烘干后进行数码印花，最后浸轧保护膜助剂。在数码印花中涂料与活性染料充分融合，然后浸轧保护膜助剂，可以明显提高色牢度。整个技术具有流程短、无污染，适合各种纤维面料的混纺、交织，适合不同规格的纱支密度，适合小批量生产，环保、不用水等优点；当面料的经向纬向材质不同时数码印花工艺也仅需要进行一次印染即可；数码印花方法制得的面料色彩鲜艳，手感柔软，保色鲜艳时间长达 10 年，且染色牢度指标和环保指标皆达到优等水平。数码印花技术已普遍应用于各大印染企业。

2.4　整理工序清洁生产技术

2.4.1　泡沫整理技术

2.4.1.1　技术简介

泡沫整理是一种将化学品浆料（一般为水溶性）与表面活性剂共混，通过充入大量空气后，采用机械发泡的方式生成大量泡沫，并将泡沫施加于纺织品表面，提高纺织品附加值的一种纺织后整理方式。由于泡沫是采用空气代替大部分的水，在节能减排上起到了很大作用，并且在很大程度上可以提高产品的品质。泡沫整理可应用于树脂整理、拒水、吸湿、阻燃、抗紫外线、抗静电等各种整理以及各类功能性涂层整理中。泡沫整理是将整理剂或涂层剂、发泡剂混合后发泡并施加到织物上，可单面处理也可双面处理，与常规轧烘焙整理相比，可大量节省化学品用量，还减少整理剂之间的相互影响，可用于各类功能面料的产品开发。浸渍轧液法由于受一些客观条件所限，不能完全符合最新发展的需要，采用泡沫整理法则能突破这些限制。它将气体通入含有表面活性剂的加工液中，生成由众多微小气泡组成的体积庞大的泡沫，替代染整浴中的水，使织物带液率由传统的 $60\%\sim70\%$ 下降到 $15\%\sim30\%$，节约烘燥能耗 50%，减少了废水的排放，提高生产车速达 30%，节省树脂和助剂用量达 $10\%\sim30\%$。因此，泡沫整理技术在纺织行业应用较广。

2.4.1.2　适用范围

　　泡沫整理技术的应用范围较广，例如在纺织品后整理中的拒水、拒油整理，亲水整理，柔软整理，阻燃整理，抗皱整理，防缩整理，抗菌整理，抗紫外线整理。在这些整理中使用泡沫技术可以得到很好的效果，同时减少能耗，并减少对环境的污染。

2.4.1.3　技术就绪度评价等级

　　TRL-8。

2.4.1.4　技术指标及参数

　　（1）基本原理

　　泡沫加工的实质是用空气来代替部分水，将含整理剂的工作液制成一定发泡比的泡沫，使其在半衰期内能稳定地到达织物表面，在施泡装置系统压力、织物毛细效应及泡沫润湿能力的作用下迅速破裂排液并均匀地施加到织物上。在泡沫加工过程中，工作液中的部分水被空气替代，替代程度越高，水的消耗量越少，节能越多。泡沫加工可以节约用水量及烘燥织物上所含水分所需的能源，并在某种程度上提高加工成品的质量，提高生产效率，减少废水的排放量，降低化学品的泳移，能更有效地利用工作液中的化学品，减少化学品的消耗以及控制化学品在纤维或织物内部的渗透。

　　（2）工艺流程

　　一般工厂在采用泡沫染整加工方式时无需添置整套专用设备，仅需将常规的浸轧部分更换成泡沫施加装置，再添置泡沫发生器，就可进行连续化的泡沫染整生产加工。发泡装置主要分为填料式静态发泡器、多级网式静态发泡器和动态泡沫发生器三大类。泡沫施加设备可分为直接施加方式和间接施加方式；常见的有辊上刮刀涂层式、横轧辊式、双面涂层式、浮动刮刀式和圆网式等。

　　图 2-11 为泡沫整理工艺流程示意图。

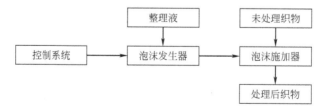

图 2-11　泡沫整理工艺流程示意

　　（3）主要技术创新点及经济指标

　　泡沫整理作为一种环境友好型技术，在降低能耗、提高企业生产效率及产品质量方面具有很好的效果。泡沫整理技术的诸多优势提高了相关企业的产品染整工艺效率。

　　泡沫整理技术属于低给液率加工技术。与浸轧法的最大的差别是：泡沫整理技术系统可以控制工作液在被加工织物中的渗透距离，既可以使工作液只停留在织物表面，也可以使工作液浸透织物。因此，应用泡沫整理加工系统，可以对织物两面进行不同的加工，如对一面防水、一面亲水的所谓单拨单吸面料的加工；也可以进行单面防水加阻燃的加工；甚至可以进行双拨单吸的加工，即正反两面都防水，而织物中间吸水，这是浸轧法根本无法实现的。但是它又完全不同于涂层整理。涂层整理由于加工方式的要求，化学品通常只是在织物表面形成具有一定厚度的膜，分布于织物组织结构之间，很少有渗透到纤维内部的可能，因此织物耐洗性、手感相比之下都要差一些。而泡沫整理加工时工作液中通常只需要增添起泡剂和稳泡剂，与浸轧法的工作液并没有大的差别，所以施加到织物上，破泡后可以迅速渗透到纤维内部，因此加工后的织物耐洗性和手感都比较好。

　　泡沫印花后整理能耗比较如表 2-25、表 2-26 所列。

表 2-25　印花布的抗皱整理能耗比较（100％纯棉花布，92g/m²）

参数	常规浸轧法	Autofoam 泡沫整理
带液率/％	69.9	30
烘房温度/℃	177	177
布速/(m/min)	110.4	109.2
能耗/(kJ/m)	279	206
能源节省/％		26.2
燃气消耗/(m³/m)	0.0061	0.0045
燃气节省数量/(m³/m)		0.0016
燃气节省率/％		26.2

表 2-26　针织布防缩整理能耗比较（100％纯棉针织布，136g/m²）

参数	常规浸轧法	Autofoam 泡沫整理
带液率/％	70	30
烘房温度/℃	160,177,182	160,177,182
布速/(m/min)	42	86.4
能耗/(kJ/m)	1419	867
能源节省/％		38.9
燃气消耗/(m³/m)	0.0046	0.0028
燃气节省数量/(m³/m)		0.0018
燃气节省率/％		39.1

　　（4）工程应用

　　DTC 科技（中国香港）有限公司研制的 Autofoam 泡沫整理系统在欧洲表现

出色，可做全渗透或涂层整理。Autofoam 专利的螺纹刮棒的泡沫施加方式，将一定量的泡沫刮在材质上，然后利用自动控制器监察车速与控制化学溶液流，达到既定的带液率；然后再自动监察泡沫层的变化，以控制发泡比，达到稳定及均匀施泡。当地毯绒毛向下通过背托的滚筒时，地毯微弯而使绒毛层张开，泡沫于此吹进并达至绒毛根，使整个绒毛层均匀沾上化学溶液，而且带液率为 8％～10％。目前其他一般采用喷洒式设备，其绒毛层的化学溶液只能从表面向下渗透 35％ 左右，而且喷洒式不容易均匀，有部分溶液微粒也会在材质表面反弹而造成浪费及污染空气。传统方法的带液率是 300％ 左右，而 Autofoam 无纺布的施泡系统能减少 1/2 带液率，达 150％，大大达到节能目的。

2.4.2 液氨整理技术

2.4.2.1 技术简介

液氨整理的系统理论研究始于 20 世纪 30 年代，正式投入工业化生产是在 20 世纪 70 年代，最初于 1963 年挪威逊克斯塔尔里莎大学和挪威中央工业研究所共同开发的液氨加工工艺是从纱线整理入手，以替代纱线丝光处理技术。由于液氨对纱线有着极强的渗透性，残留在纱线上的氨液比碱液更易于去除，而且比碱液丝光效果更好，因而引起重视。液氨整理可以提高纯棉等天然纤维及其混纺产品的穿着服用性能，其结合树脂整理新技术可进一步提高免烫效果。液氨整理最初是从取代纱线碱液丝光开始的，曾称作液氨丝光，由于两者效果完全不同，后来就不再称液氨丝光，通称液氨整理。

2.4.2.2 适用范围

液氨整理用于提高纯棉等天然纤维及其混纺产品的穿着服用性能。

2.4.2.3 技术就绪度评价等级

TRL-8。

2.4.2.4 技术指标及参数

（1）基本原理

液氨由于分子小，表面张力小，黏度低，在极短的时间内不仅可以达到纤维的无定型区，而且可以渗透到晶区或原纤内部，但不会很大程度地破坏或溶解纤维素的结晶，在液氨的作用下使纤维发生溶胀，削弱了纤维素无定型区分子链间的作用力，使纤维的超分子结构变得更加均匀稳定。另外，对于棉来说，液氨整理后纤维发生不可逆溶胀，纤维由原来的扁平状变成圆柱状，中空变得很小，天然扭曲消失，表面变得光滑，使纤维发生内在和外在变化，赋予了织物优良的特性。

（2）工艺流程

液氨整理工艺流程见图 2-12。

图 2-12　液氨整理工艺流程

1）进布

仔细检查来布与运转卡登记内容是否符合；了解来布规格、加工要求、注意事项及各工序工艺、生产情况，根据工艺要求制定液氨工艺。

2）预烘

氨极易溶解在水中，所以要求彻底干燥织物。仔细检查来布干湿度，防止出现液氨整理不匀、停车、卷边等事故。

3）风冷

氨的沸点－33℃，所以要求织物经过冷风吹拂正反面，使温度尽量低。

4）浸轧液氨

织物以一定的速度浸轧。

5）呢毯整理

织物夹在用蒸汽加热的呢毯之间，毯将释放氨，从而使织物中的大部分氨在此处去除；同时防止织物变形，增加热传导性和使烘干所产生的织物宽度损失最小。液氨整理织物容易造成成品幅宽偏窄，所以液氨落幅一定要达到规定要求幅宽。

6）汽蒸整理

使织物通过 120℃±5℃汽蒸器，与织物相结合的氨将由水取代，在此处去除氨。

7）水洗

经过 40～50℃水洗去除布面残留的剩余液氨，加酸中和氨处理带来的碱性，以及调节布面 pH 值为 5～7。

8）烘干

用 60～80℃的烘筒温度将织物烘干。

9）落布

落布质量要达到免烫 3.5 级左右，强力提高 30％左右，丝质手感好于碱丝光整理，缩水率稳定在±3％内。

（3）主要技术创新点及经济指标

通常织物在丝光加工后进行液氨整理，液氨整理后其强力、外观平整度和手感光泽等都有明显的提高，再进行树脂整理。

液氨整理比液碱丝光具有更大的优势。二者的区别如下。

① 液氨可以瞬时渗入棉纤维内部，膨胀效果均匀，又极易清除，而液碱丝光时浓碱不易渗透，易造成表面丝光，且去碱困难。

② 液氨整理非但不损伤纤维，而且可以改善其耐磨和撕破强力，而液碱丝光对棉纤维有损伤。

③ 液氨整理后上染率和光泽不如液碱丝光，但匀染性好，光泽柔和。液碱丝光上染率高，但匀染性差，光泽强。

④ 液氨整理的织物经多次洗涤，尺寸、颜色变化很小。

虽然二者处理效果不同，但可以进行互补，以达到更好的处理效果。表 2-27 为液氨处理与液碱处理的产品性能比较。

表 2-27 液碱丝光和液氨处理前后的比较

项目	处理前	液碱处理后	液氨处理
断裂强度/(kg/cm)	6.3	6.26	6.57
伸长/%	25.8	21.5	23.5
撕破强力/g	470	600	635
耐磨损/次	345	365	635
防皱性(褶皱回复角)/(°)	113	138	164
光泽度/Gu	1.32	1.6	1.41

（4）工程应用

表 2-28 是上海某印染厂织物常规整理与液氨整理后，测试数据的对比。该厂引进美国 Sanforized 公司的液氨机组，整理后的纯棉、亚麻和苎麻等天然织物及其混纺织物具有外观光洁平挺、手感柔滑丰满、弹性佳、吸汗透气、尺寸稳定和穿着舒适等特点，是衬衫、时装的高级面料。

表 2-28 常规整理和液氨整理后织物性能

织物		弹性回复角/(°)	洗可穿性/级			缩水率/%		
			1 次	3 次	5 次	1 次	5 次	10 次
纯棉牛津纺	常规整理	180.7	1	1	1	4.1	4.8	5
	液氨整理(A)	217	2	2	2	0.45	1.4	1.5
	液氨整理(B)	250.0~274.0	3~3.5	3~3.5	3~3.5	0.25	0.65	0.75
纯棉府绸	常规整理	109.3	1.5	1.2	1.2	4.8	5	5.3
	液氨整理(A)	145	2.5	2.2	2.2	0.7	1.6	1.8
	液氨整理(B)	220.0~260.0	3~3.3	3~3.3	3~3.3	0.5	0.7	0.75

2.4.3 水性涂层整理技术

2.4.3.1 技术简介

涂层整理就是将一层或者多层能形成薄膜的高分子化合物均匀地涂覆在纺织物

的表面，以实现织物的两面有不同功能的织物表面整理技术。

涂层既能改变织物的外观风格，也能增加织物的功能性，使织物的附加值得到提高。然而大部分涂料都需要有机溶剂作为分散介质给后续废水处理带来很大负荷。由于近年来有机溶剂价格高涨及环保部门对有机溶剂的使用和废物排放的严格限制，水性聚氨酯取代溶剂型聚氨酯成为一个重要的发展方向。水性涂料是以水为分散介质代替有机溶剂，具有无污染、安全可靠、机械性能优良、相容性好、低挥发性有机化合物（VOCs）排放、易于改性等优点，符合环保、节能发展新理念，具有广阔的应用前景。

2.4.3.2　适用范围

利用涂层整理技术使纺织产品具有更高的性能，利用仿氨纶高弹性涂层胶涂层，使织物具有高回弹性、高伸长率，利用无光皮膜涂层达到仿真皮效果。各种功能性涂层可使织物具有防水透湿、高耐水压、抗紫外线等多功能。

2.4.3.3　技术就绪度评价等级

TRL-9。

2.4.3.4　技术指标及参数

（1）基本原理

涂层整理，即在纺织品表面均匀涂以能形成薄膜的高分子化合物，使织物改变外观、风格或获得各种功能，从而提高产品的附加价值。涂层剂品种多样，按反应性能可分为交联型涂层剂、非交联型涂层剂和自交联型涂层剂。

① 非交联型涂层剂：涂布于基布上，待溶剂挥发以后，借助高分子化合物分子间的凝聚力形成薄膜。该过程中不产生化学反应。

② 交联型涂层剂：含有羟基、氨基或羧基等能和交联剂的环氧基、N-羟甲基等反应的官能团，在成膜过程中形成稳定的热固型的网状交联薄膜。

③ 自交联型涂层剂：分子结构中含有反应性官能团，如环氧基、N-羟甲基等。在催化剂作用下，当涂布到基布上经高温处理后，涂层剂可通过自身交联作用而形成热固型的网状薄膜。

（2）工艺流程

1）直接涂层

即所谓的利用刮刀将树脂涂成一层连续性的薄膜，以达到防水、防风、固纱的效果。按成膜方式的不同，直接涂层分为干法涂层和湿法涂层。

① 一般干法涂层工艺：中检→泼水→烘干→压光→涂层烘干→成品。

② 一般湿法涂层工艺：预处理基布→涂布→水凝固浴（200℃±30℃）→水洗→轧光→成品。

2）热熔涂层

将 PUR（湿气固化反应型聚氨酯热熔胶）加热熔融，注入胶槽，通过刮刀，把 PUR 挤入旋转的雕刻辊的孔内，加压，把孔里的胶转移到薄膜上，经过复合辊的压合与被贴物黏附在一起，在一定张力、压力下卷曲，在一定温度、湿度条件下形成的过程。

一般工艺流程：基布→涂布熔融树脂→冷却→成品。

3）黏合涂层

将树脂与涂有黏合剂的基布叠合，经压轧而使其黏合成一体，或将树脂薄膜与高温熔融而后与基布叠合，再通过压轧而黏合成一体，涂层薄膜较厚。

一般工艺流程：基布→涂布→黏合剂→烘干→薄膜压合→焙烘→轧光或轧纹→成品。

4）转移涂层

先以涂层浆涂布于经有机硅处理过的转纸，而后与基布叠合，在张力很低的条件下经烘干、轧平和冷却，然后使转移纸和涂层织物分离。

一般工艺流程：转移纸→涂布涂层浆→基布黏合→烘干→冷却→织物与转移纸分离→成品。

（3）主要技术创新点及经济指标

涂层工艺在不断发展中，如采用相变材料（PCM）生产储热保温涂层织物；采用溶胶-凝胶涂层技术，使复合（混杂）无机-有机聚合物在纤维表面形成一个功能性薄膜，这一过程使加入的高浓度氟化硅熔融形成疏油的防污层，而进行氨化处理后则会形成抗静电层；等离子蒸气沉积涂层，在这个过程中涂层剂的原子或分子被蒸发，而后在基布上凝结成一个固体薄膜；阴极喷涂金属涂层及热喷洒涂层，不仅可以生产出金属膜，还可以生产出防弹织物的陶瓷膜；在大气压力环境下用聚合物进行等离子涂层的研究工作亦在进行中。

在涂层整理中，多用到聚氨酯高分子染料，随着我国环保意识提高，水性聚氨酯成为主要的开发对象，以进一步使织物达到更好的防水透湿等多功能。例如，利用有机硅进行的水性聚氨酯涂层剂的合成，通过探讨反应物比例、反应时间、反应温度对产物各种性能以及应用性能的影响，优化出有机硅改性水性聚氨酯涂层剂的合成工艺。得到的有机硅改性水性聚氨酯整理涂层织物的静水压为 169mm（$1mmH_2O=9.80665Pa$），硬挺度为 1.89cm，耐洗次数达到 20 次。与市售的有机硅涂层剂相比，自制的有机硅改性水性聚氨酯涂层剂具有更好的静水压和白度，具有良好的耐洗性。

（4）工程应用

在纺织品上聚氨酯（PU）广泛应用于氨纶丝和涂层整理，而反应型水溶性聚氨酯在织物后整理上的应用虽然也有很多研究报道及文献介绍，但国内产品大多处于科研阶段。有媒体报道，某公司率先实现工业化生产的反应型水溶性聚氨酯整理剂是通过控制聚氨酯主链的分子量，并引入各种官能团，使其能够均匀稳定地溶于水中，以便对纺织品进行加工处理。这种水溶性聚氨酯不但可以渗透到纱线内部，而且可释放活性基团与纤维分子及其他整理剂发生交联反应，同时聚氨酯分子间也进行反应，从而以化学键的形式交联，形成立体网状结构，赋予织物持久耐洗的功能性，如防缩、防皱、尺寸稳定、防水、防钻绒、抗静电等性能。将该类整理剂用于纤维素纤维、蛋白质纤维上，可有效地解决其他助剂难以解决的天然纤维织物防皱、防缩难题，实现机器可洗，同时赋予织物特殊的超级爽弹手感。由于聚氨酯整理剂不含甲醛，在反应过程中也无甲醛产生，属于环保型织物整理剂。热反应型水溶性聚氨酯整理剂，既保持了聚氨酯的弹性又具有极好的反应活性，可以赋予织物各种持久耐洗的功能，提高纺织品的附加值。

参 考 文 献

[1] 杨海军，周律，郭世良，等. 棉织物染整中不同果胶酶精练效果的比较研究 [J]. 印染助剂，2010，27（12）：28-30.

[2] 萧振林，陈晓辉. 低浴比气流雾化染色技术的研究 [J]. 染整技术，2015，37（9）：44-46.

[3] 李冬梅. 清洁生产与企业竞争力 [J]. 染整技术，2014，2：34-38.

[4] 刘江坚. 气液染色工艺特性探析 [J]. 印染，2017，43（5）：46-49.

[5] 郑永忠. 低能耗染色的创新发展：气液染色技术 [J]. 针织工业，2013，5：29-31.

[6] 郑永忠，莫庸生，张庆华. ASH 气液染色机的应用 [J]. 针织工业，2017，10：46-49.

[7] 杨立新，杨洋，蔡再生，等. 纱线冷轧堆染色设备和技术的开发 [C]//中国印染行业协会. 2009 蓝天全国印染行业节能环保年会论文集，2009：606-611.

[8] 陈立秋. 小浴比的匀流染色机 [J]. 染整技术，2010，32（3）：52-55.

[9] 梁海波. INNOFLOW 匀流染色机的应用实践 [J]. 染整技术，2015，37（10）：43-46.

[10] 王潮霞，王可众，殷允杰. 纺织品涂料印染加工技术研究进展 [J]. 纺织导报，2013，4：42-47.

[11] 宋心远. 涂料印染与节能减排（一）[J]. 印染，2013，39（12）：44-47.

[12] 樊德鑫，邵霞，陈爱华. 特阔幅织物涂料染色工艺探讨 [C]//中国纺织工程学会. "亨斯迈"杯第六届全国染色学术研讨会论文集. 2006：191-194.

[13] 袁海源. 纺织染整废水的再生利用研究与回用水水质标准的制定 [D]. 上海：东华大学，2008.

[14] 罗昊进，谭立国. 印染废水处理新技术 [J]. 工业水处理，2008，3：87-88.

[15] 王建庆，毛志平，李戎. 印染行业节能减排技术现状及展望 [J]. 印染，2009，1：44-51.

[16] 牛燕燕. 一浴练染酶 ES 在棉机织物上前处理的应用 [J]. 染整技术，2015，37（7）：30-33.

[17] 王雷. 浅谈棉织物生物酶前处理加工的现状与发展 [J]. 中国科技财富，2008，11：3 2.

[18] 冯碧波. 棉织物生物酶前处理工艺研究 [D]. 上海：东华大学，2003.

[19] 阎克路. 染整工艺与原理（上册）[M]. 北京：中国纺织出版社，2009：55-62.

[20] 陈海宏，赵其明. 棉织物酶氧退煮漂一浴工艺研究 [J]. 现代纺织技术，2010，2：5-8.

[21] 许瀚，高炳生. 纯棉织物生物酶低温退煮氧漂-浴法工艺技术研究 [J]. 染整技术，2015，37（5）：15-19.

[22] 徐谷仓. 我国染整前处理工艺的现状和发展（一）[J]. 印染，2004，18：46.

[23] 吴康. 棉针织布冷轧堆汽蒸工艺的特点及成本分析 [J]. 染整技术，2007，8：17-21.

[24] 赵涛. 染整工艺与原理（下册）[M]. 北京：中国纺织出版社，2009.

[25] 许鲁.针织物冷轧堆节能前处理工艺和设备 [J].针织工业，2014，9：40-42.

[26] 梁小玲，侯爱芹.棉织物低温活化体系冷轧堆前处理 [J].印染，2012，22：19-22

[27] 吴军玲，王艳秋.针织物冷轧堆前处理工艺研究 [J].针织工业，2014，6：52-55.

[28] 凌云，曾桂明.棉针织物冷轧堆前处理 [J].印染，2004，22：26-27，40.

[29] 赵文杰，张晓云，韩莹莹，等.棉针织物平幅半连续冷轧堆前处理和染色工艺 [J].染整技术，2016，1：17-21.

[30] 高旭，彭耀辉，张振华，等.棉针织物冷轧堆前处理工艺的研究和应用 [J].针织工业，1999，4：31-32.

[31] 陈格葛.冷轧堆工艺助推针织绿色印染 [N].中国纺织报，2010.

[32] 杨栋樑，王焕祥.活化双氧水漂白体系新技术的近况（三）[J].印染，2007，4：46-47.

[33] 赵建平，王祥荣，江思源.TAED及其对 H_2O_2 漂白的活化作用 [J].印染助剂，2003，3：12-14.

[34] 蔡再生.纤维化学与物理（第一分册）[M].北京：中国纺织出版社，2004，178-179.

[35] 周铉，江涛，雷群，等.前处理短流程工艺中过氧化氢分解机理的研究 [J].印染助剂，1994，11（4）：8-12.

[36] 徐谷仓.染整织物短流程前处理 [M].北京：中国纺织出版社，1999，3：18.

[37] 杨栋，王焕祥.活化双氧水漂白体系新技术的近况（一）[J].印染，2007，2：44-48.

[38] 薛迪庚.印整结合的天然纤维织物转移印花 [J].印染，2003，5：42-43.

[39] 文史工，徐力明.转移印花近期进展泛述 [J].染整技术，1997，19：111-117.

[40] 杨霖，卓晓青.棉织物转移印花机理探讨 [J].印染，1998，24（4）：30-34.

[41] 苗赛男，李青，邢铁玲，等.棉织物的活性染料干热转移印花 [J].印染，2013，39（23）：1-5.

[42] 薛迪庚，周文辉，宋霞.天然纤维织物的转移印花研究 [J].印染，1996，22（7）：5-8.

[43] 李青.基于混合多糖增稠剂的天然纤维织物活性干法转移印花 [D].苏州：苏州大学，2014.

[44] 北京服装学院.一种棉织物的转移印花方法：02159176.8 [P].2003-05-14.

[45] 范雪荣，张海泉.纯棉针织物的热转移印花研究 [J].印染，1996，22（1）：14-17.

[46] 王彦，邢铁玲，陈国强.活性染料的真丝织物新型转移印花 [J].印染，2012，38（22）：1-5.

[47] 管宇，关钰林.改性棉织物分散染料转移印花 [J].印染，2009，1：5-9.

[48] 胡贞.聚氨酯在提高纺织材料转移印花效果中的应用研究 [D].武汉：武汉科技学院，2007.

[49] 蔡沐芳，梁惠娥.数码印花技术的应用 [J].针织工业，2007，7：54-57.

[50] 黄谷，张庆.数码印花技术在印染工业中若干问题的探讨 [J].丝网印刷，2013（1）：39-43.

[51] 蔡沐芳，梁惠娥.国内外数码印花图案设计现状分析 [J].丝绸，2006，10：34-37.

[52] 杨军，陈镇，蒋国华，等.我国纺织品数码印花的发展现状及研究趋向 [J].纺织科技进展，2017，7：1-4.

[53] 田俊莹，张天永，张志.羊绒制品数码喷墨印花预处理工艺的研究 [J].针织工业，2010，5：36-37，74.

[54] 李明珠，张庆，余逸男.数码印花的现状及发展趋势 [J].染料与染色，2011，6.

[55] 周广亮.喷墨印花产品的质量要求及控制 [J].网印工业，2017，6：27-28.

[56] 谢峥.符合家纺行业需求的 Renoir 数码喷墨印花机 [J].印染，2013，7：55-56.

[57] 金侎.关于纺织数码印花现状的分析及探讨 [J].网印工业，2016，12：15-17.

[58] 曹永恒，李世琪，吴秋月，等.用于纯棉针织物数码印花的树脂预处理工艺 [J].针织工业，2017，3：37-40.

[59] 李敏，赵影，张丽平，等.涤纶针织物数码印花清晰度的影响因素 [J].纺织学报，2018，39（5）：62-66.

［60］ 房宽峻 . 数字喷墨印花技术［M］. 北京：中国纺织出版社，2008.

［61］ 沈一峰，江崃，陈国洪 . 真丝绸活性染料喷墨印花预处理工艺研究［J］. 丝绸，2012，49（1）：
11-13.

［62］ 万捷，赵伟林，孟庆涛 . 涤纶织物喷墨印花免水洗预处理探讨［J］. 针织工业，2018，8：39-41.

［63］ 郑环达，郑禹忠，岳成君，等 . 超临界二氧化碳流体染色工程化研究进展［J］. 精细化工，2018，35
（9）：1449-1456，1471.

［64］ 解谷声 . 超临界二氧化碳流体的染色加工［J］. 辽宁丝绸，2003，4：33-37.

［65］ 赵亚楠，徐凤华，朱元昭 . 泡沫染色的研究进展［J］. 成都纺织高等专科学校学报，2016，33（4）：
189-193.

［66］ 李珂，张健飞，巩继贤，等 . 棉织物泡沫染色与常规染色加工成本分析［J］. 针织工业，2014，8：
51-54.

［67］ 张丽，罗耀发 . 纺织泡沫整理研究进展［J］. 山东纺织经济，2016，6：40-41.

［68］ 邱静云 . 泡沫整理工艺及设备［J］. 纺织机械，2003，3：17-21.

［69］ 陈立秋 . 泡沫染整技术的节能（二）［J］. 染整技术，2010，32（10）：49-53.

［70］ 陶启贤 . 液氨整理综述［J］. 染整技术，2005，7：1-6.

［71］ 陈立秋 . 染整后整理工艺设备与应用（一）［J］. 印染，2005，3：43-45.

［72］ 刘道春 . 织物的水性聚氨酯涂层整理技术［J］. 网印工业，2017，8：44-51.

第3章
印染行业特征污染物分质预处理成套技术

3.1 印染行业特征污染物废水处理关键技术

3.1.1 退浆废水处理关键技术

3.1.1.1 交联盐析技术

（1）技术简介

由于退浆废水中含有聚乙烯醇（PVA）、淀粉、羧甲基纤维素（CMC）和表面活性剂等难降解物质，COD 浓度高、可生化性差，用单一的生化法难处理且耗时长，COD 去除效率一般不高。因此，退浆废水在处理前应尽量将 PVA 从废水中去除，盐析法操作简易，可去除废水中大部分 COD。若能从退浆废水中回收大部分 PVA，则在治理污染的同时可以变废为宝，既可以减少污染源又能获得一定的经济效益。

（2）适用范围

盐析法处理棉退浆废水回收 PVA 的效果很好，广泛应用于多个行业。在退浆废水中，除 PVA 外还含有 CMC 及淀粉，故考虑可将废水中 PVA 回收用作黏合剂或其他领域中，具有较好的环境效益与经济效益。

（3）技术就绪度评价等级

TRL-9。

（4）技术指标及参数

1）基本原理

由于 PVA 胶体微粒对高分子物质有强烈的吸附作用，这种吸附作用可能是由于聚乙烯醇的羟基上有未共用的电子对，可成为配位体，与投入的絮凝剂形成配位键；同时，高分子助凝剂有较长的线型分子，其一端被 PVA 胶体微粒吸附，另一端伸展于溶液中，吸附另一个胶体微粒，通过架桥的方式将两个或两个以上的微粒结合在一起，导致凝结。但 PVA 属于非离子型聚合物，电荷对其吸附作用很弱，因此不能用一般所采用的产电荷的凝聚剂进行凝聚沉淀。由于 PVA 水溶液会因受到盐析作用而增稠变浓，当盐离子浓度足够大时可以产生很强的水合能力，借助自身的极性作用，将大量水分吸附到自己周围，从而使 PVA 发生脱水沉淀。

通常投加的药剂由盐析剂和胶凝剂构成，盐析剂通常是元素周期表中Ⅰ或Ⅱ族金属元素的无机盐、无机铵盐或无机铝盐。

2）工艺流程

在众多比较容易获得的盐类中，硫酸钠（Na_2SO_4）是较为经济有效的盐析剂。但是在一定的回收效率要求下，若只投加硫酸钠，其用量很大，药剂费用高，因此不能单纯采用 Na_2SO_4 进行凝聚回收。由于硼酸盐可以与多元醇 PVA 络合，硼砂可以在 PVA 大分子间产生双二醇型结构，形成立体交联，其胶凝作用较大。若单纯使用硼砂，当硼砂加入 PVA 水溶液中时 PVA 并不会沉淀下来，只出现凝结成胶现象，换言之，当仅加入硼砂时 PVA 只吸收水分子，并以果冻状滞留在水溶液；即使硼砂的投加量很高，也只能产生胶凝作用，而不能使 PVA 结团析出。因此，可选用硼砂和硫酸钠的混合盐类来回收废水中的 PVA。

3）主要技术创新点及经济指标

对于工业上印染厂浓度较高的退浆废水可直接用盐析法进行回收，而对于浓度较低的可先采用其他方法（如超滤法）进行浓缩，然后再利用盐析回收工艺。盐析法处理回收 PVA 退浆废水，具有较好的经济效益和环境效益，在工艺上具有操作简便、投资省等特点。

盐析法能去除退浆废水中的 PVA，它是在硼砂的交联和盐类盐析的共同作用下使 PVA 发生脱水，从而以凝胶形式析出。但这种方法也存在如下局限性：

① 对 PVA 的去除效果受到废水自身 PVA 质量浓度的影响，质量浓度较大时去除效率较高；反之则效果不理想。一般需要 PVA 质量浓度在 5g/L 以上时才能获得较好的效果。

② 盐析剂（硫酸钠）的投加量对于该法至关重要，投加量越多，去除效率越高，但同时也容易使出水的含盐量过高，这样一来废水在进入生物处理系统后会导致微生物细胞脱水，生物活性下降甚至完全丧失，不利于后续的生物处理；并且硫酸钠用量过多也会增加成本，导致浪费。

4）工程应用

以某厂年加工坯布 1000 万米为例，主要产品为涤棉布，占 95% 以上，以该厂上浆率为 5% 计（一般织物上浆率 4%～8%），涤棉布以 10kg/100m 计，则经退浆进入煮漂废水的 PVA 为：$10^7 m/a \times 10kg/100m \times 95\% \times 5\% = 47.5t/a$，设其中有的可以用盐析法进行回收处理，用 8g/L 硫酸钠＋1.2g/L 硼砂＋1g/L 聚合氯化铝作为盐析剂进行处理的回收率为 90.8%，则可回收 PVA 的量为 43.13t/a。

3.1.1.2 厌氧反应技术

（1）技术简介

厌氧折流板反应器（Anaerobic Baffled Reactor，ABR）是20世纪80年代初由美国Stanford大学的McCarty教授及其合作者在厌氧生物转盘反应器的基础上改进开发而成。

从微生物的生态和反应器空间的混合要求出发，将厌氧处理过程控制在一个反应器的多个空间格室或多个反应器中依次完成工艺过程，它不仅有利于创造和保证不同微生物所需的生理生态条件，而且可以提高处理过程中基质的推动力及增强泥水混合接触程度，提高运行稳定性和处理效果。

（2）适用范围

适用于高浓度、小水量的退浆工艺头道工艺废水。

（3）技术就绪度评价等级

TRL-9。

（4）技术指标及参数

1）基本原理

关于有机物的厌氧降解过程有多种理论，主要包括两段论、三段论和四种菌群学说，其中以三段论应用范围最广，而四种菌群学说是三段论的有力补充。废水厌氧生物处理的三阶段论由Bryant于1979年提出，该理论将厌氧消化过程分为三个阶段，即水解发酵阶段、产氢产乙酸阶段和产甲烷阶段。几乎与此同时，J.G Zeikus提出四种菌群学说，他将参与发酵的细菌根据其代谢的差异划分为四类菌群，即水解发酵细菌群、产氢产乙酸细菌群、同型产乙酸细菌群和产甲烷细菌群。

① 水解发酵细菌群：包括细菌、真菌和原生动物。在厌氧消化系统中，水解发酵细菌的功能主要有2个方面。a. 将大分子不溶性有机物水解成小分子的水溶性有机物，水解作用是在水解酶的催化作用下完成的。水解酶是一种胞外酶，因此水解过程是在细菌细胞的表面或周围介质中完成。发酵细菌群中仅有一部分细菌种属具有分泌水解酶的功能，而水解产物一般可被其他发酵细菌群吸收利用。b. 发酵细菌将水解产物吸收进细胞内，经细胞内复杂的酶系统的催化转化将一部分有机物转化为代谢产物，排入细胞外的水溶液里，成为参加下一阶段生化反应的细菌群吸收利用的基质。发酵细菌群根据其代谢功能主要有纤维素分解菌、碳水化合物分解菌、脂肪分解菌、蛋白质分解菌等。发酵细菌大多数为异养型细菌群，对环境条件的变化有较强的适应性，此外发酵细菌的世代期短，数分钟到数十分钟即可繁殖一代。

② 产氢产乙酸细菌群：是指把第一阶段的发酵产物脂肪酸等转化为CH_3COOH、H_2、CO_2等产物的一类细菌。产氢产乙酸细菌的代谢产物中有分子态氢，所以体系中氢分压的高低对代谢反应的进行起着重要的调控作用。由于各反应所需自由能不同，进行反应的难易程度也就不一样。以一个标准大气压（atm，$1atm=1.01325\times10^5Pa$）为单位时，当氢分压小于0.15atm时乙醇即能自动进行产氢产乙酸反应，而丁酸则必须在氢分压小于$2\times10^{-3}atm$下进行，而丙酸则要求

更低的氢分压 $9 \times 10^{-5} atm$。因此，通过甲烷细菌利用分子态氢以降低氢分压对产氢产乙酸细菌的生化反应起着重要的作用。一旦甲烷细菌因受环境条件的影响而放慢对分子态氢的利用效率，其结果必然是降低产氢产乙酸细菌对丙酸、丁酸和乙醇的利用，这也说明了厌氧发酵系统一旦出现问题时经常出现有机酸积累的原因。

③ 同型产乙酸细菌群：在厌氧消化系统中能产生乙酸的细菌有两类：一类是异养型厌氧细菌，能利用有机基质产生乙酸；另一类是混合营养型厌氧细菌，即能利用有机基质产生乙酸，也能利用 H_2 和 CO_2 产生乙酸，反应如下：

$$4H_2 + 2CO_2 \longrightarrow CH_3COOH + 2H_2O$$

前者归属于发酵细菌，后者则称之为同型乙酸细菌，如伍德乙酸杆菌（*Acetobacterium woodi*）、威林格乙酸杆菌（*Acetobacterium wieringae*）、乙酸梭菌（*Clostridium acetium*）等。由于同型乙酸菌能利用氢以降低氢分压，对产氢的发酵细菌有利，同时对利用乙酸的甲烷菌也有利。

④ 产甲烷细菌群：甲烷菌或称为产甲烷菌（*Methanogens*），是甲烷发酵阶段的主要细菌，属于绝对的厌氧菌，甲烷菌的能源和碳源物质主要有 H_2/CO_2、甲酸、甲醇、甲胺和乙酸，主要代谢产物是甲烷。甲烷菌常见的有甲烷杆菌、甲烷球菌、甲烷八叠球菌和甲烷螺旋菌 4 类。甲烷菌利用从基质 H_2/CO_2、CH_3OH、$HCOOH$ 及 CH_3COOH 转化为 CH_4 的过程中释放的能量以维持生命活动。

2）工艺流程

ABR 反应器内垂直于水流方向设置导流板，将反应器分隔为串联的几个反应室，每个反应室都是一个相对独立的上流式污泥床系统，其中污泥以颗粒形式或絮状形式存在。废水由导流板引导上下折流前进，依次通过每个格室的污泥床直至出口，废水中的有机物与厌氧污泥反复接触而得到去除。

典型的 ABR 反应器的构造如图 3-1 所示。

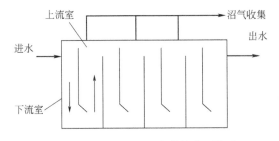

图 3-1　厌氧折流板反应器的典型构造

厌氧折流板反应器与其他型式的厌氧反应器相比有许多突出的特点，例如良好的水力特性、微生物种群的高度分离及较强的抗冲击负荷能力等。

3）主要技术创新点及经济指标

① 长水力停留时间。可对高浓度、难处理的退浆废水进行长停留时间下的厌氧处理。长停留时间厌氧处理在工程实践中极少被环保专家们所考虑，原因在于：a. 长停留时间意味着厌氧构筑物的体积要放大很多，这对用地及费用紧张的企业

困难较大；b. 长停留时间下废水的温度将会大幅下降，微生物的活性在低温条件将会大大降低，一定程度上会影响处理效果。但是针对退浆工艺头道浓废水水量小、浓度高的具体情况，采用长停留时间的厌氧预处理是必要的。

② 高回流量。采用出水回流可有助于提高 ABR 的上流速度，从而促进泥水的混合程度，提高处理效率。而且出水回流可缓解由于印染厂水质水量变化大而导致的冲击负荷变化，为微生物的生存创造一个更稳定的环境。微生物在降解废水中的污染物的过程的同时还不断进行着自身细胞物质的合成。N 和 P 是组成细胞的重要元素，由于在厌氧处理过程中合成细胞量远低于好氧生物处理，因此 N、P 的需要量也相应的很少，对于缺乏 N、P 元素的污水处理尤为适宜。与上述优点相联系的是厌氧系统有相当高的负荷率，一般厌氧系统负荷率为 $3.2 \sim 32\,kgCOD/(m^3 \cdot d)$，而好氧系统仅为 $0.5 \sim 3.2\,kgCOD/(m^3 \cdot d)$。此外，厌氧生物技术不需要好氧生物技术中氧的供应，也没有与之相随的微生物的大量合成。厌氧降解过程中，只有少量有机物被同化为细胞物质，大部分被转化为 CH_4 和 CO_2，因而污泥产量低，且污泥已经稳定，可降低污泥处理费用，其费用只相当于好氧生物技术的 10%。

4) 工程应用

福建省某纺织印染有限公司应用 ABR 处理毛巾印染废水和福建某生化厂采用 ABR 处理制药废水，均取得令人满意的效果。厌氧折流板反应器处理退浆废水已有相关的研究，通过处理人工模拟退浆废水，低负荷是反应器成功启动的关键，出水回流可使反应器对高浓度退浆废水适应性更强，有助于反应器稳定，可相对缩短启动时间，反应器在中温（$32 \sim 34\,℃$）、上流速度 $8m/h$、水力停留时间 6d、容积负荷 $1.80\ kgCOD/(m^3 \cdot d)$ 的条件下，COD 去除率达到 45% 以上。

3.1.2 碱减量废水处理关键技术

碱减量废水产生的 COD 大约有 80% 来自聚酯纤维水解产物对苯二甲酸，其废水水量仅占印染综合废水水量的 5%～10%，但 COD 却占 50% 以上，pH 值也居高不下。

对苯二甲酸是芳香族二羧酸中的一种，是产量最大的二元羧酸，主要用于生产饱和或不饱和聚酯树脂绝缘漆、热溶胶、薄膜、瓶用聚酯、玻璃纤维增强塑料复合材料和特种纤维、增塑剂电缆料、助剂烟花笛音剂等，是一种重要的工业有机化工原料。

采用酸析法可回收碱减量废水中的对苯二甲酸，回收后的对苯二甲酸再经过提纯，可作为聚酯、电缆、除草剂等的生产原料。

3.1.2.1 技术简介

酸析法主要利用对苯二甲酸（TA）在酸性溶液中能沉淀析出的特点，在碱减量废水中加入酸，把 pH 值调至 2～4，使 TA 析出结晶，实现与废水分离的一种方法。酸析法可实现废水中大部分对苯二甲酸的回收，使废水中的 COD 大幅度降低，同时操作简便，作为碱减量废水的预处理被广泛使用。碱减量废水经预处理回收对苯二甲酸后，不但实现了清洁生产，回收了可用资源，而且废水的 COD 值得到大幅度削减，使废水 COD 值从几万 mg/L 降到 10000mg/L 以下，因此减轻了后续处理的负荷。

3.1.2.2 适用范围

酸析法处理碱减量废水的效果很好，同时对 COD 也有很高的去除作用。先回收废水中对苯二甲酸，然后进行处理达标排放，达到了资源回收的目的。适用于去除高 COD 含量、难生物降解的有机废水。

3.1.2.3 技术就绪度评价等级

TRL-7。

3.1.2.4 技术指标及参数

（1）基本原理

碱减量废水中的对苯二甲酸是一种二元有机酸，在水中有分子态与离子态两种存在形式，其溶解度与 pH 值密切相关，电离平衡如下：

$$HOOC-\!\!\bigcirc\!\!-COOH \rightleftharpoons HOOC-\!\!\bigcirc\!\!-COO^- + H^+$$

$$HOOC-\!\!\bigcirc\!\!-COO^- \rightleftharpoons {}^-OOC-\!\!\bigcirc\!\!-COO^- + H^+$$

当溶液的 pH 值增大时电离平衡向右移动，即分子态对苯二甲酸减少，离子态对苯二甲酸增加。因为碱减量废水 pH＞12，所以废水中的对苯二甲酸在碱性溶液中处于完全溶解状态，而且几乎全部以负二价离子的形态存在废水中。但在酸性溶液中，电离平衡向左移动，离子态的对苯二甲酸减少，分子态的对苯二甲酸不断生成，废水中析出的难溶性的白色沉淀物就是对苯二甲酸。其反应如下：

$$NaOOC-\!\!\bigcirc\!\!-COONa + 2H^+ \longrightarrow HOOC-\!\!\bigcirc\!\!-COOH\downarrow + 2Na^+$$

碱减量废水酸析回收对苯二甲酸是一个化学反应结晶的过程。在整个的酸酐回收过程中，只有控制酸析反应条件才能形成粒径大的晶体，这不仅有提纯的作用，还有利于脱水洗涤。

（2）工艺流程

酸析工艺流程如图 3-2 所示。

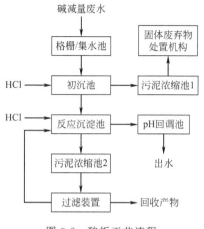

图 3-2　酸析工艺流程

（3）主要技术创新点及经济指标

碱减量废水在用酸析法回收对苯二甲酸（TA）时，分别受酸析温度、加酸速度、搅拌速度和加酸浓度的影响。碱减量废水的 COD 值占印染废水总量的 50％以上，而对苯二甲酸钠又占其中的 75％，所以碱减量废水经回收 TA 后污水总 COD 值可以降低 80％以上；更重要的是，混合印染废水在可生化性上发生了质的变化，使废水更加容易处理。从碱减量废水中回收 TA 给印染行业提供了有效治理污水的途径。

常州市五洲环保科技有限公司于 2016 年 4 月 5 日公开了一种从碱减量废水中获取高纯度对苯二甲酸的专利技术，该发明涉及一种从碱减量废水中获取高纯度对苯二甲酸的方法。调节废水的 pH 值至 10～13，投加占废水质量 5％～20％的碱式氯化铝，废水经过 3min 的快速搅拌，后缓慢搅拌，将含絮凝物的废水经废煤渣过滤沉淀物，往过滤后的水中加入一定比例的活性炭和凹凸棒土，吸附 5～10min，再经一层废煤渣层过滤，得清液。加入稀酸，待清液 pH 值降至 5～6 后，通过压滤机压滤，所得对苯二甲酸纯度达 99％以上，可回收再利用，创造经济效益，并且减少环境污染。

杭州创享环境技术有限公司于 2014 年 17 日公开了一种碱减量废水资源化回收对苯二甲酸和碱的专利技术。该发明公开了一种碱减量废水资源化回收对苯二甲酸和碱的方法，包括如下步骤：镁盐吸附预处理、无机膜错流超微滤处理、浓缩液酸析和对苯二甲酸板框压滤回收处理。针对传统碱减量废水处理工艺流程长、费用高等不足而提出的一种碱减量废水资源化回收对苯二甲酸和碱的方法。该方法利用碱减量废水的含碱量高，添加镁盐能生成带正电荷的氢氧化镁沉淀，该沉淀能强烈吸附废水中带负电荷的对苯二甲酸根，达到回收对苯二甲酸的目的；另一方面是根据氢氧化镁絮体颗粒小、较难沉淀的情况，采用无机膜进行过滤，过滤液清澈透明，浊度在 2NTU 以内，并含有大量碱液，可以回用到碱减量环节，实现碱液和水的回收。

（4）工程应用

针对某纺织工厂涤纶织物碱减量工艺废水问题，采用酸化-沉淀及生物处理系统对废水进行处理。通过酸化-沉淀法对涤纶织物碱减量工艺废水处理，回收苯二甲酸。具体流程为：

首先，通过纤维过滤器将涤纶织物碱减量工艺废水的悬浊液体过滤掉；

其次，将硫酸添加至滤液中，使滤液的 pH 值调节至 3.5～4.0，并在沉淀池中悬停几个小时；

最后，将上清液排至滤液池中，沉淀物通过过滤布进行过滤。固体残渣主要是TA，通常用作塑化及聚酯材料。

在酸化-沉降实验中，废水中 TA 质量浓度从 19.8g/L 减少到 2.75g/L，去除率达到 86%，很大程度上减少了生物处理系统的负荷。

3.1.3　高氨氮废水处理关键技术

3.1.3.1　吹脱技术

（1）技术简介

吹脱技术是将空气通入废水，在碱性条件下使废水与气体密切接触，从而降低废水中氨浓度。

（2）适用范围

含有氨氮浓度高于 300mg/L 的印染废水，如以尿素等有机氮为主的印花废水，需经过氨化作用，分解为氨氮后再进行处理。

（3）技术就绪度评价等级

TRL-7。

（4）技术指标及参数

1）基本原理

吹脱法即调节废水酸碱度使废水 pH 值到一定值后，将空气等惰性气体通入吹脱设备中，利用氨气等挥发性物质在气液两相传质体系中实际浓度与平衡浓度之间的浓度差，将其作为传质过程中的主要推动力而使溶解于废水中的氨分子由液相穿过气液两相界面进入气相的过程。吹脱法主要是基于气液传质机理中经典的"双膜理论"和亨利定律，对水中存在的氨氮进行物化法处理，由于废水中的氨氮通常以铵离子（NH_4^+）和游离氨（NH_3）的状态保持平衡而存在，NH_4^+ 与 NH_3 在废水中平衡关系如式所示：

$$NH_4^+ + OH^- \rightleftharpoons NH_3 + H_2O$$

当废水 pH 值升高至 7 以上时，上式中平衡向右移动，NH_4^+ 转化为 NH_3，这样在有空气搅动存在的条件下就可以通过搅动废水使其中的氨挥发逸出成为气体被去除。从吹脱过程而论，空气不断吹入废水中，使气相和液相充分接触，根据道尔顿分压定律，溶质气体在液面上的分压随着吹入气体的稀释而大大降低。根据亨利定律，由于液面上溶质气体的分压降低，为保持气液平衡，水中溶解的氨不断从液相逸出而进入气相，利用氨氮在气液两相中的传质原理，增大其吹脱过程中的传质推动力，使传质效率显著提升，最终让水体中的氨氮以氨气的形式逸出水面，达到去除废水中氨氮的目的。

2）工艺流程

通过吹脱法处理废水，针对高浓度氨氮废水有较好的处理效果。根据不同的氨氮浓度，调整 pH 值和气水比，确定最佳工艺参数。

3）主要技术创新点及经济指标

吹脱法一般是将惰性气体（如空气）与待处理废水同时通入吹脱设备中，使气液两相在反应区域充分接触，在此过程中水中溶解的气体和挥发性溶质会经液相主体进入液体滞流膜，而后穿过气液接触界面向气相转移从而达到脱除污染物的目的。吹脱设备一般包括吹脱池与吹脱塔，吹脱池占地面积大，吹脱后的尾气容易污染大气，故只在特定环境下用于氨氮吹脱。与其相关的专利技术更是不甚其数，主要是作为脱氮前处理工艺，并与其他生物法或者物化法相结合使用，废水处理效果十分可观，也是未来工程中值得进一步研究的发展性技术。

吹脱法对处理高浓度氨氮废水十分有效，且设备结构简单，容易操作，技术成熟，去除率也较高，但吹脱法也存在许多问题：

① 受环境温度的影响较大，当温度低于 0℃时氨吹脱塔其实无法工作。

② 吹脱效率受限，其出水需进一步处理。

③ 吹脱前需要加碱把废水的 pH 值调整到 11 以上，吹脱后又需加酸把 pH 值调整到 9 以下，导致药剂量消耗大。

④ 工业上一般拿石灰调整 pH 值，但是会在水中形成碳酸钙垢而在填料上沉积，致使塔板完全堵塞。可以采用 NaOH 来调节 pH 值，将不会发生这种堵塞现象，但费用较石灰要大。

⑤ 吹脱时所需空气量较大，动力消耗大，运行成本高。因此仅仅采用吹脱法达不到预期的实验效果。吹脱法采用了先进的自动控制技术后，操作强度大大下降，控制好工艺参数（pH 值、污水温度、风机频率、污水处理量），操作正常就可以保证处理效果。

4）工程应用

某工程结合脂肪胺污水高氨氮的特点，又由于高氨氮往往伴随高有机物浓度，普通的吹脱法无法满足设计要求，针对此种高浓度氨氮污水提出汽提-吹脱的联合处理工艺。通过一系列的工艺参数控制和优化，污水氨氮去除率在 97% 以上，COD 去除率也在 45% 以上。

3.1.3.2　厌氧氨氧化技术

（1）技术简介

厌氧氨氧化（anaerobic ammonium oxidation，ANAMMOX）脱氮是 20 世纪 90 年代发展起来的一种新型高效生物脱氮技术。与传统生物脱氮技术相比厌氧氨氧化反应途径较短，不需要碱度补偿和投加有机碳源，从而节约了大量的能源和物料，节省运行成本。因此，厌氧氨氧化技术吸引了国内外学者的广泛研究。

厌氧氨氧化技术是在厌氧环境中，微生物直接以 NH_4^+ 为电子供体，以 NO_2^- 为电子受体，将 NO_2^- 直接还原为 N_2 的生物氧化过程。厌氧氨氧化技术是一种新型自养生物脱氮工艺，处理低 C/N 值和高浓度氨氮废水具有突出优势。

（2）适用范围

适用于含有氨氮浓度较高，较大水量的印染废水脱氮。

（3）技术就绪度评价等级

TRL-6。

（4）技术指标及参数

1）基本原理

厌氧氨氧化细菌在厌氧条件下以 NO_2^- 为电子受体，将氨氮氧化为氮气并有少量的 NO_3^--N 生成的生物学过程，具体方程式如下所示：

$$NH_4^+ + NO_2^- \longrightarrow N_2 + 2H_2O + 能量$$

$$NH_4^+ + 1.31NO_2^- + 0.066HCO_3^- + 0.13H^+ \longrightarrow$$

$$1.02N_2 + 0.26NO_3^- + 0.066CH_2O_{0.5}N_{0.15} + 2.03H_2O$$

羟氨（NH_2OH）和联氨（N_2H_4）是厌氧氨氧化过程的中间产物，其中羟氨为最可能的电子受体。羟氨由 NO_2^- 还原产生，这一还原过程又为联氨转化为氮气提供所需要的等量电子。整个过程可以认为以 NH_4^+-N 为电子供体，NO_2^--N 为电子受体。所需的碳源为无机碳源碳酸氢盐或者 CO_2。厌氧氨氧化技术的提出为有效解决传统生物脱氮工艺中存在的弊端提供了新途径。

该过程的 NO_2^- 来源于水中部分 NH_4^+ 的短程硝化，因此需要消耗一定的碱度。

2）工艺流程

本技术的启动及运行分为 3 个阶段：

第 1 阶段为 ANAMMOX 生物滤池活性恢复阶段，通过人工配水为厌氧氨氧化过程提供生物基质，对已挂膜的 ANAMMOX 生物滤池中的细菌进行活性恢复，进水 NH_4^+-N 和 NO_2^--N 浓度分别为 60mg/L 和 80mg/L，进水流速为 1.0m/h；

第 2 阶段为生物驯化阶段，按正比例梯度（5%→10%→30%→50%→70%→100%）逐步增加腈纶废水，对反应器 ANAMMOX 生物膜进行驯化，以逐步适应试验水质；

第 3 阶段为正常运行阶段。

整个试验过程反应器内温度保持在约 30℃。生物反应所需 NO_2^--N 基质通过外加亚硝酸钠的方式提供。

3）主要技术创新点及经济指标

高氨氮废水处理中厌氧氨氧化反应器构建及其启动、厌氧氨氧化菌富集和活性强化一直以来都是实验室和实际工程上需要不断研究和克服的难点。本技术试验所用 ANAMMOX 菌种源来自成功挂膜的 ANAMMOX 火山岩颗粒生物填料。调整出水 pH 值及温度，保证 ANAMMOX 菌生存的适宜范围，使 ANAMMOX 菌在与异养反硝化菌的竞争中处于优势。

由于该工艺具有不需要外加有机碳源，污泥产量少，不需要酸碱中和剂，避免二次污染等优点，被认为是当前最具发展和应用前景的生物脱氮技术。综上所述，ANAMMOX 生物滤池工艺在深度处理干法腈纶废水时，针对废水高浓度 COD、高浓度 NH_4^+-N、低 B/C 值的问题，可同时与反硝化作用协同耦合，具有较好的处理效果，对于生物法解决我国难降解工业废水处理出水水质差的问题具有一定的借鉴意义。

厌氧氨氧化脱氮比传统的全程硝化-反硝化过程节省约 60% 的供氧量和 100% 的外加碳源，减少污泥产量 70%～80%，且厌氧氨氧化过程的氮素转化速率较高，反应器和沉淀池的数量及尺寸也较小。因此，无论从处理效率，基建投资，以及运行费用上厌氧氨氧化均优于硝化-反硝化，厌氧氨氧化过程在污水生物脱氮领域中具有非常好的应用前景。厌氧氨氧化技术研究与工程应用主要集中在工业废水和污泥脱水液、垃圾渗滤液等领域，其特点：a. 无需外加有机碳源，适用于目前低 C/N 值的废水处理；b. 厌氧氨氧化菌生长缓慢，同时减少了 90% 污泥产量，节省污泥处理费用，节省氧气的供应量，降低动能消耗，又实现了高效脱氮。

4）工程应用

ANAMMOX 的实际工程应用主要集中在市政和发酵工业领域，这是因为该类废水的氨氮浓度高，有毒有害物质含量相对较少。理论上厌氧氨氧化工艺脱氮可节省 60% 的曝气量和 100% 的外加碳源。2002 年，帕克公司在鹿特丹 Dokhaven 污水处理厂建造了世界第 1 座生产性厌氧氨氧化反应器，采用 SharonAnammox 系统处理污泥脱水液。此后，荷兰、德国、日本、澳大利亚、瑞士和英国等地也相继建立了共 100 多座厌氧氨氧化废水处理厂，除了污泥消化液，处理的废水还包括垃圾渗滤液、养殖场废水、食品废水等。目前，工程应用的厌氧氨氧化技术可以分为悬浮污泥、颗粒污泥和生物膜系统。

3.1.4 含锑废水处理关键技术

含锑废水的处理方法主要是沉淀法，即通过加入药剂，使其与废水中的锑发生物理、化学反应，生成絮凝体或沉淀，从而达到除锑的目的。目前，常用的沉淀法主要有 pH 调节法和混凝沉淀法两种。但由于锑在废水中的形态复杂，可能存在干扰离子，pH 调节法除锑并不彻底，且容易造成酸碱剂的二次污染。因此含锑废水处理的关键技术主要是混凝沉淀法。

3.1.4.1　技术简介

混凝沉淀法作为工业上使用最广泛且工艺最成熟的重金属处理方法，它具有操作简单、价格低廉、应用范围广、经济划算等优点，因而被广泛用于高浓度重金属废水处理。其主要过程是向废水中投加适量混凝剂，使原来存在废水中的可溶、微溶、难溶及不易沉降过滤的染料以及其他悬浮类物质集结成较大颗粒，从而达到去除印染废水中染料以及其他杂质的目的。但是混凝沉淀法对重金属的去除没有选择性，而且会产生大量难以处理的污泥。该方法只能用来降低废水中重金属离子的浓度，而不能达到完全去除。

3.1.4.2　适用范围

铁盐混凝共沉淀除锑工艺可适用于以涤纶为原料的单独收集的高浓度含锑废水预处理，也可适用于混合含锑印染废水进入二级生物处理前的混凝处理。

3.1.4.3　技术就绪度评价等级

TRL-9。

3.1.4.4　技术指标及参数

（1）基本原理

在一定 pH 值条件下（混凝终点 pH＝6.5～7.5），向含锑废水中加入硫酸亚铁或聚合硫酸铁混凝剂，并同时鼓入空气，由于锑酸盐与硫酸亚铁和氢氧化铁生成不溶于水的沉淀物，同时胶体态的氢氧化铁具有吸附作用，使生成的难溶于水的细小沉淀与氢氧化铁一起沉淀，达到对锑污染物的去除。

（2）工艺流程

工艺流程如图 3-3 所示。

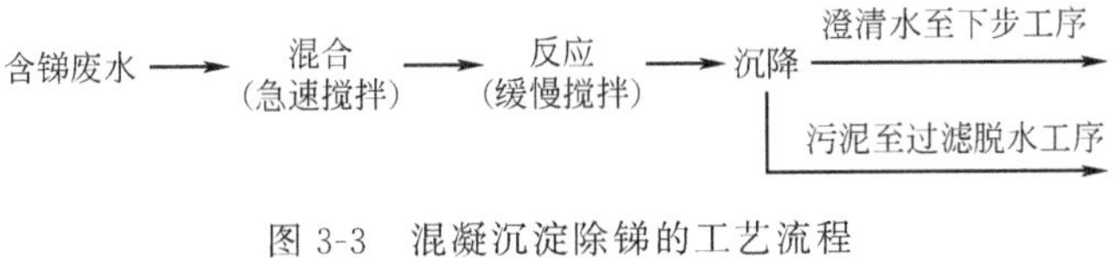

图 3-3　混凝沉淀除锑的工艺流程

（3）主要技术创新点及经济指标

浙江大学于 2019 年首次申请发表的"一种高效经济去除印染废水中锑的方法及设备"专利技术，废水由调节池进入反应池，在反应池内顺序投加溶有硫酸亚铁的酸、熟石灰和阴离子聚丙烯酰胺进行混凝反应；反应后进入沉淀池，沉淀污泥进行板框压滤，分离的废水进入后续常规处理。该方法操作简便，药剂成本低，除锑效果明显，废水最终锑浓度可稳定降至 $100\mu g/L$ 以下，并且充分利用混凝反应池的曝气，促进废水中二价铁氧化成三价铁，增强铁氧化物与锑酸盐之间的络合作用及沉淀性能。

浙江理工大学于 2019 年首次申请发表的"一种利用羟基磷灰石-聚合硫酸铁-聚丙烯酰胺混凝去除印染废水中锑离子的方法"的专利技术，采用方法的要点是将纳米级羟基磷灰石、聚合硫酸铁和聚丙烯酰胺联合使用，去除印染废水中的锑离子。本发明选用具有多吸附位点的纳米级羟基磷灰石和含铁元素的聚合硫酸铁，同时使用聚丙烯酰胺加速污染物沉降，可有效去除印染废水中的锑离子，以减少其对自然水体的危害，具有重要环境效益和社会效益。

具体实施为：利用混凝沉淀原理，将 0.20～1.13g 羟基磷灰石加入 50mL 印染废水中，搅拌均匀，得到含羟基磷灰石的悬浊液；将氢氧化钠溶液加入含羟基磷灰石的悬浊液中，调节 pH 值至 5～8，得到在一定 pH 值范围内的悬浊液；将 0.1～0.4g 聚合硫酸铁加入在一定 pH 值范围内的悬浊液中，搅拌均匀，得到含聚合硫酸铁的悬浊液；以 110～130r/min 转速将悬浊液振动搅拌 1h，加入 1～4mL 一定浓度的聚丙烯酰胺溶液，继续缓慢搅拌，静置澄清，得到经羟基磷灰石-聚合硫酸铁-聚丙烯酰胺混凝处理的印染废水。

主要技术创新：首次采用羟基磷灰石-聚合硫酸铁-聚丙烯酰胺进行混凝吸附，三者联合应用，使吸附剂上的反应位点进一步增加，同时也增加了其对锑离子的吸附面积。聚丙烯酰胺可起到加快沉降速率的作用。羟基磷灰石-聚合硫酸铁-聚丙烯酰胺混凝吸附增强了对印染废水中锑离子的吸附能力，减少了印染废水中锑离子对自然水体的危害，具有重要的环境效益和社会效益。

（4）工程应用

湖州某纺织染整公司主要生产化纤 DTY、各种针织面料的织造染整和内衣成品。该公司产生的废水主要包括工艺废水、车间地面冲洗水、生活污水。改造后的处理工艺为调节池＋初沉池＋水解酸化池＋A/O 池＋二沉池（投加磁粉）＋反应池（除锑复合药剂、碱、PAM）＋气浮池（见图 3-4），处理规模为 $4600m^3/d$。

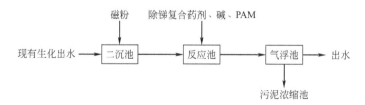

图 3-4 工程改造后的工艺流程

该工程改造完毕后，经过将近 2 个月的调试，系统运行正常，出水 COD 和总锑指标均能满足设计和纳管排放要求，处理水质见表 3-1。

表 3-1　工程调试后运行数据　　　　　　　　　单位：mg/L

项目	COD				总锑			
	原水	初沉出水	二沉出水	气浮出水	原水	初沉出水	二沉进水	气浮出水
8 月	1578.9	757.8	353.6	117.8	92.6	2.8	0.37	0.07
9 月	1789.4	446.3	130.5	117.8	96.8	3.1	0.26	<0.01
10 月	1263.1	429.4	96.8	88.4	71.5	2.5	0.31	0.03
11 月	1305.2	412.6	138.9	143.1	101.0	3.0	0.28	0.05

注：均为 2018 年每月平均值。

3.1.5　含铬废水处理关键技术

化学还原沉淀法在处理含铬废水领域应用最为广泛，含铬的毛印染废水在印染车间中采用化学还原沉淀法进行除铬。

3.1.5.1　技术简介

其基本原理是先将废水体系的 pH 调节为酸性（pH＝2～4），通过向废水中加入某种还原剂将 Cr^{6+} 还原为 Cr^{3+}，然后再加入碱性物质将废水 pH 调节为碱性（pH＝8～9），在此 pH 值条件下铬会形成氢氧化物沉淀，从而沉降下来。化学还原沉淀法投资及运行成本低，处理效果好，且操作管理方便，但需要不断地调节 pH 值来除去不同的重金属离子，而且最大的不足是需要加入大量化学药剂，污泥量大不易处理，易造成二次污染。目前，处理含铬废水时常用的还原剂有硫酸亚铁、亚硫酸钠、亚硫酸氢钠、焦亚硫酸钠、硫代硫酸钠、SO_2 等。

硫酸亚铁是最常用的还原剂之一。它具有如下优势：

① Fe^{2+} 在酸性条件下还原 Cr^{6+} 的速率十分快，时间成本较低。

② Fe^{2+} 与 Cr^{6+} 反应后生成 Fe^{3+}，Fe^{3+} 更容易生成 $Fe(OH)_3$ 沉淀［$Fe(OH)_3$ 的溶度积（$K_{sp}＝4×10^{-38}$）比 $Fe(OH)_2$ 的溶度积（$K_{sp}＝8×10^{-6}$）要小很多］。

③ $Fe(OH)_3$ 沉淀非常完全，还有絮凝作用，能够促进铬共同沉淀，有利于铬从水溶液中分离。

因此，利用硫酸亚铁还原沉淀法去除 Cr^{6+} 的成本较低，操作简便。但是，该方法也存在比较明显的缺点：

① 必须在强酸性条件（pH＜2）下才能起到比较好的处理效果。

② 硫酸亚铁的投加量往往是化学计量比的 5 倍以上才能保证废水中的 Cr^{6+} 基本还原。

③ 该方法还会产生大量的污泥，污泥中还含有大量未还原的 Cr^{6+}，属于危险废弃物，如果处置不当会使污泥中的 Cr^{6+} 重新溶出造成二次污染。而且这种含 Cr^{6+} 的污泥基本上没有回收价值，后续无害化处理也比较困难。

亚硫酸盐是另外一种比较常用的还原剂。SO_3^{2-} 能够快速地还原 Cr^{6+}，而且通过亚硫酸盐还原法得到的固体沉淀物纯度比较高，可以回收利用。研究者还利用煤在燃烧过程中产生的 SO_2 去治理含 Cr^{6+} 废水，有效地还原 Cr^{6+} 的同时还能减少硫的排放，从而达到了以污治污的目的。亚硫酸盐还原沉淀法具有处理效果佳、操作管理简便的优点，在实际含铬工业废水处理中得到了广泛应用。但是，亚硫酸盐还原法也有一些缺点：

① 与硫酸亚铁还原 Cr^{6+} 相似，亚硫酸盐需要在酸性条件下才能有效地还原 Cr^{6+}；

② 亚硫酸盐的投加量往往是化学计量比的数倍才能保证废水中的 Cr^{6+} 有效被还原，因此反应过程中需要投入大量的药剂，导致处理成本偏高；

③ 亚硫酸盐具有刺激性的气味，对人体的危害较大；

④ 亚硫酸盐也属于污染物。其他常见的硫酸盐还原剂还包括亚硫酸氢钠、硫代硫酸钠和连二硫酸钠。

3.1.5.2　适用范围

低浓度或高浓度的含铬废水均适用。

3.1.5.3　技术就绪度评价等级

TRL-9。

3.1.5.4　技术指标及参数

（1）基本原理

还原沉淀法是化学法处理含铬废水的一种典型的且主要的处理方法，其反应原理就是在废水中加入还原剂，使废水中 Cr^{6+} 还原成 Cr^{3+}，然后再加入 NaOH 或石灰乳调节废水的 pH 至碱性，使 Cr^{3+} 沉淀，同时沉淀其他重金属离子，从而达到分离的目的。

（2）工艺流程

化学还原沉淀法的工艺流程见图 3-5。

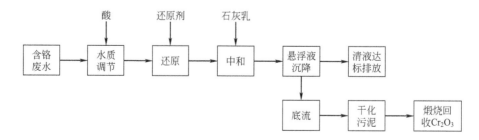

图 3-5　化学还原沉淀法的工艺流程

（3）主要技术创新点及经济指标

化学还原沉淀法处理含铬废水效果好，不受废水中 Cr^{6+} 的浓度以及废水量的限制，操作简单、易于管理，具有广泛的适用性。

（4）工程应用

某液压厂废水主要来自电镀车间镀铬、钝化、光化、褪镀等工艺中产生的清洗废水和电镀槽废电镀液，产生的废水中 Cr^{6+} 和总铬浓度高、水质波动大。该液压厂新建电镀车间后的基准排水量为 $116m^3/d$。根据该厂要求，设计水量按 $20m^3/h$ 进行，为 $120m^3/d$（1d 按照 12h 的量设计）。

工艺流程如图 3-6 所示。

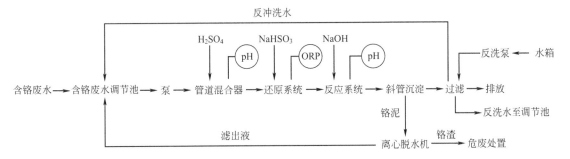

图 3-6　某含铬废水处理的工艺流程

含铬废水调节池内的废水用泵抽入管道混合器，在此投加酸液，通过 pH 值在线仪对酸度进行控制；出水进入还原系统，在此投加还原剂并搅拌，将 Cr^{6+} 还原成 Cr^{3+}；出水自流入反应系统，在此投加碱液，通过 pH 值在线仪对碱度进行控制，经 pH 值回调后废水生成 Cr^{3+} 沉淀，同时投加 PAC 和 PAM 加强絮体生成效果，并在后续的斜管沉淀系统中沉淀分离；沉淀后的上清液进入过滤系统对悬浮物和沉淀物进一步去除，出水达标排放。过滤能力下降时，启动反洗泵进行反冲洗，反洗水自流入含铬废水调节池。

沉淀系统铬泥用螺杆泵抽入离心脱水机脱水，脱水机滤出水返回含铬废水调节池。铬渣装袋暂存于含铬废水调节池上（含铬废水调节池上铺废弃钢管，并留渗水缝隙，周边砌护栏防止渗出液对周边渗透），堆码到一定数量后送危险废物处置中心处置。调节池和反洗水箱水位采用超声波液位计，通过 PLC 系统进行控制。运行费用为 9.71 元 $/m^3$。

3.2　资源回收及循环利用成套技术

3.2.1　单级水封法消除闪蒸汽的冷凝水回收技术

3.2.1.1　技术简介

印染企业在其生产过程中的退煮、氧漂和染色等工序需要蒸汽间接加热，因此各机台烘干机烘筒和烘燥箱的热交换器烘干湿布时会产生大量的冷凝水。印染企业蒸汽冷凝水产生于下列几种设备：a. 由各机台烘干机烘筒烘干湿布时在烘筒内产生；b. 由烘燥箱的热交换器在烘干湿布时产生。在正常情况下，印染生产的退煮、氧漂和染色工序均需在一定高温下完成，将这些工序烘燥机所产生的冷凝水就近回收利用，可完全满足氧漂机、退煮机、染浴水洗的要求，节约了部分自来水的使用，同时也节约了大量用于自来水升温的蒸汽量，具有非常好的回收余热和节水的效果。

3.2.1.2 适用范围

印染前处理、染色工艺过程中蒸汽冷凝水的回用。

3.2.1.3 技术就绪度评价等级

TRL-8。

3.2.1.4 技术指标及参数

（1）基本原理

印染生产工艺的烘燥机和热交换器需要使用大量的蒸汽，热交换后会变为饱和冷凝水。高温冷凝水在进入较低压力的容器内后，由于压力的降低较易出现闪蒸情况，变为具有一部分容器压力的饱和水蒸气和饱和水。因闪蒸汽的量和压力很难保证在一个稳定的条件内，一旦出现大量闪蒸汽，很难加以回收利用。水封是利用一定高度的静水压力来抵抗排输水管内气压变化，防止管内蒸汽泄漏的设备。当水管内蒸汽从冷凝水回收系统的密闭高压环境进入外界常压大气环境后，先与水封装置内水面接触，蒸汽与水发生热量传递，在水升温的同时蒸汽冷凝为凝结水，既避免了水蒸气在生产车间内的无组织排放产生的危害，也可以帮助冷凝水回收系统稳定压力，保障回收系统顺畅运行。

（2）工艺流程

水封法回收冷凝水工艺流程如图3-7所示。

（3）主要技术创新点及经济指标

采用高温高压蒸汽经管道进入轧染车间耗汽设备——烘干机烘筒及烘箱热交换器，经过热交换得到冷凝水；将烘筒及热交换器末端安装疏水器实现水气分离；采用水封装置消除闪蒸汽，利用一定高度的静水压力抵抗冷凝水回收系统的输水管内气压变化，防止管内蒸汽泄漏，提高冷凝水和余热回收率；冷凝水直接送入锅炉或其他需用高温热水的工序，实现冷凝水的回用。

（4）工程应用

"冷凝水回收示范工程"是海城海丰集团的轧染车间冷凝水回收示范工程。针对印染企业在其生产过程中的退煮、氧漂和染色等工序需要蒸汽间接加热，因此在

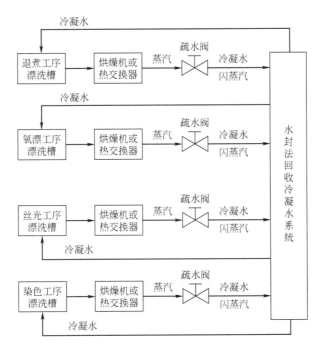

图 3-7 单级水封法消除闪蒸汽的冷凝水回收技术路线

各机台烘干机烘筒和烘燥箱的热交换器烘干湿布时会产生大量的冷凝水，建成了海城海丰集团的轧染车间冷凝水回收示范工程。项目实施后，将前处理、染色和后整理的各工序所产生的冷凝水就近回收利用，完全可以满足氧漂机、退煮机、染浴水洗的要求，无需再补充自来水，提高水利用率，降低废水排放量。同时也节约了大量用于自来水升温的蒸汽量，具有非常好的回收余热和节水的效果。

示范工程实施后，万米布平均耗水量从原来的 425t 降低到 319t，万米布减排污水量 20％以上，削减 COD 排放 15％以上。

3.2.2 丝光淡碱回收成套技术

3.2.2.1 技术简介

以加工纯棉及涤棉混纺织物为主的印染厂，丝光是不可缺的一个工序。丝光是在给定张力的条件下，将织物在浓 NaOH 溶液中进行处理。棉布经过丝光以后可以获得耐久性的光泽，并能提高纤维的张力强度以及对染料的亲和力，同时降低织物的潜在缩水率。

通常情况下，丝光用的烧碱浓度高达 200～300g/L，织物在去碱过程中必须经过充分的水洗，这样也就不可避免地产生大量的丝光淡碱液。一般一台丝光机每天产生浓度为 40～50g/L 的丝光淡碱液 40～50t。如果没有相应的回用和回收措施，一台丝光机每天损失的丝光淡碱量折算为固体烧碱约 2t；同时，大量丝光淡碱的排放使污水的 pH 值在 12 以上，排放的污水含碱量高，处理难度较大。若使用浓硫酸等药剂进行中和反应，又增加了污水处理的费用且浪费了大量的酸碱。因此，合理地处理丝光废碱液是降低印染企业废水处理成本的关键。

丝光淡碱液的回收利用不仅可极大地降低碱耗、节约丝光成本，同时可大幅度降低印染废水的碱度、排放量，减轻印染废水的处理难度，最终达到推行清洁生产、发展循环经济、节能降耗的目的。

目前，国内外对废碱液的处理方式主要有以下几种：

① 使用大量酸进行简单的中和处理后排放。此方法既浪费酸碱资源、增加成本，又增加后期污水处理负荷，造成环境的污染。

② 蒸发浓缩，通过多效蒸发浓缩回收后再重复利用，但该工艺设备庞大且复杂，耗蒸汽量大，耗电量大，运行成本高。

③ 通过合理的碱回收，提升调入高位槽，稀释处理后可供烧毛、退浆、煮练等工序使用。该方法可有效回收碱，降低成本，但存在水中杂质含量高的问题，这对最终印染效果、产品质量存在一定的影响。

④ 利用膜分离法处理丝光淡碱液。此方法对废液中污染物去除率较高，碱液回收率高，回用水质良好，可取得良好的经济效益和环境效益。但是，膜分离法使用的膜易堵塞、易损坏，需要定期更换，成本较高。

3.2.2.2 适用范围

丝光淡碱回收技术适用于丝光废水中不同浓度 NaOH 的回收。

3.2.2.3 技术就绪度评价等级

TRL-9。

3.2.2.4 技术指标及参数

（1）基本原理

将丝光后的淡碱液作为原液，调配或浓缩成其他生产工段相应所需浓度的碱液，储存在退浆、煮练、丝光等各供应槽，提供给印染厂其他工序使用。从而提高丝光淡碱液的利用率，节约生产成本，减少污染负荷，缓解环境治理压力。

（2）工艺流程

1）用于烧毛灭火和冷轧堆前处理

丝光淡碱先用于平幅煮练及煮布锅煮练。平幅煮练及煮布锅煮练后的废碱液，一般含碱浓度为 8～10g/L，煮布结束时废液排出后可作为烧毛灭火。

丝光淡碱经过调配为 18～20g/L，用于冷轧堆前处理。对于有些品种冷轧堆前处理要求碱浓度较高的，如为 40～50g/L，则丝光淡碱可直接用于冷轧堆前处理。丝光机轧槽内的回流浓碱，浓度高，但含杂多，不宜和洗涤淡碱混在一起，可配制冷轧堆前处理用碱，或制作煮练碱液。

2）用于退浆、煮练

丝光淡碱经过调配为 11～14g/L 及 14～18g/L，分别用于退浆和煮练。煮练后，特别是煮布锅煮练后，其废碱液可用作烧毛灭火，并可退浆，不仅节约了用碱量，并且减少了废液的外排，使废水碱度下降，降低 COD 浓度，减轻了污水处理和环境污染。一般可将丝光机轧槽内的回流浓碱配制用作退浆、煮练碱液。

3）丝光淡碱用于印花后水洗

丝光淡碱经过调配为 7～8g/L，亦可用于印花皂洗。偶氮染料直接印花的后处理需要碱洗，去除未印花处的打底剂。

4）丝光淡碱用于氧漂

双氧水漂白配制漂液时先放适量水，再加渗透剂、稳定剂，然后加双氧水，最后用烧碱调节 pH 值。氧漂可用丝光淡碱液调节 pH 值至 10.5～11。

5）丝光淡碱用于浓缩回用

丝光淡碱综合利用于烧毛灭火、冷轧堆前处理、退浆、煮练、印花后水洗、氧漂等工序，只能用去一小部分；剩余另一部分丝光淡碱液可经过一系列处理后补充浓碱（碱浓度＞350g/L，如 400～500g/L）配制丝光碱液，用于丝光轧碱。利用淡碱液蒸发设备浓缩回用这部分丝光淡碱液，起到丝光淡碱循环利用的目的。通过淡碱回收装置，可将丝光淡碱经蒸发浓缩后重新利用。对于淡碱回收装置，大型厂一般采用三效蒸发器，小型厂一般采用扩容蒸发器。两种蒸发器将 40～50g/L（3.8%～4.7%）NaOH 蒸发浓缩为 300g/L（23.07%）NaOH 或 250g/L（20.40%）NaOH。

（3）主要技术创新点及经济指标

1）技术创新点

废水负荷稳定。丝光水洗淡碱液的瞬间集中排放，使得印染废水 pH 值波动很大，难以控制水的酸碱度，影响污水处理时的絮凝效果，增加处理难度。由于丝光水洗淡碱液的碱性较大，COD 含量高，需要及时调整处理工艺，如调整化学品量和调整流速等，增加了废水处理管理的难度。

2）经济指标

减少处理成本。一般情况下，处理丝光洗碱液约增加处理成本 200%，主要是用于调节酸碱度和去除 COD。

（4）工程应用

丝光淡碱液的回收以成套设备为主。为了解决碱液回收处理过程中普遍存在的处理设施投资大、运行效率低、能源消耗大等问题。在实际生产中，企业优先考虑采用回收处理效果可靠、运行成本低、操作维护简便和投资回收期短的碱液回收处理方式。四川省某印染厂通过改进工艺，淘汰落后设备，引进自动化程度高的设备，设计安装了一套丝光淡碱液回收利用系统。

该企业丝光淡碱液的回收利用是通过扩容闪蒸回收技术实现的，该技术是应用海水淡化多级闪蒸原理而设计的，主要采用多级扩容蒸发器实现废碱液的蒸发和浓缩。从织物上冲洗下来 50g/L 的丝光淡碱液全回收"零排放"，并经过处理澄清后进入淡碱储存罐。扩容蒸发器浓缩淡碱时，淡碱液先经过外加热器，由锅炉蒸汽加热到规定温度；然后进闪蒸室，十级闪蒸室各级之间维持一定气压差、温度差，使碱液在闪蒸室各级都经历了热闪蒸过程，碱液浓度得以不断提高，达到浓缩的目的。浓缩后浓碱储存罐中碱质量浓度达到 250g/L NaOH 以上。

碱液回收项目实施技术路线如图 3-8 所示。

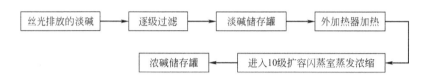

图 3-8　浓缩回收丝光淡碱液技术路线

丝光淡碱液回用效果及经济效益分析：该企业通过使用改进后的系统处理得到的回收碱液，1/6 左右供退浆、煮练、染色等工序利用，另外 5/6 左右回收到丝光阶段应用。

整个丝光碱液回收利用过程如图 3-9 所示。

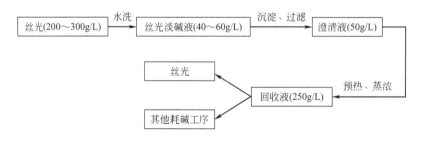

图 3-9　丝光碱液回收利用过程

印染工序中，退浆、煮练、氧漂、丝光、皂洗都会用到碱液，排出废水。丝光废水碱性强，pH＝12～13，通常煮练和丝光废水量约占废水总量的 20％。丝光淡碱液的回收，可有效减少 10％～20％用水量，降低印染综合废水的 COD 值、BOD值、SS 值及废水中 50％～60％的碱度，同时也降低废水排放量，节省了废水处理费用，减轻了印染综合废水处理的难度。回收后的碱液供其他染整用碱工序使用，节约了烧碱用量，降低了碱耗，节约了丝光成本。

根据实际生产情况，月节约生产用水费、软化水处理费用、污水处理费用等共计约 10 万元。上述效益加上节约的人工费用等，整个丝光淡碱液的回收利用系统每年可为企业带来 180 万元左右的节能减排效益。

参 考 文 献

[1] 刘艺. 碱减量印染废水处理技术的研究 [D]. 上海：东华大学，2004.

[2] 王丹. 碱减量与常规印染废水的分质处理技术研究 [D]. 西安：西安建筑科技大学，2018.

[3] 马国文. 浙江某企业碱减量废水的预处理和资源化利用 [D]. 上海：上海大学，2014.

[4] 刘德驹. 碱减量废水处理工艺研究 [D]. 苏州：苏州大学，2005.

[5] 曾芸. 碱减量废水处理工艺研究及应用 [J]. 聚酯工业，2008，21 (3)：28-32.

[6] 曹佩文，陈畅，董晓芳，等. 碱减量废水资源化回收处理及其应用 [J]. 印染，2007，33 (13)：29-31.

[7] 谭书琼. 碱减量废水中回收对苯二甲酸资源再用的研究 [D]. 上海：东华大学，2007.

[8] 杨平平，常宏宏. 涤纶织物碱减量工艺废水处理研究 [J]. 水处理技术，2016，42 (12)：96-98.

[9] 贺永林. 碱减量废水中对苯二甲酸的回收与提纯 [D]. 无锡：江南大学，2013.

[10] 崔小明. 一种资源再利用碱减量废水中对苯二甲酸的方法 [J]. 聚酯工业，2016，29 (6)：49.

[11] 顾孙. 含碱减量混合废水处理工程案例分析 [J]. 黑龙江科技信息，2014 (2)：55.

[12] 余锦玉. 碱减量印染废水处理的研究 [D]. 长沙：中南大学，2010.

[13] 徐超，蓝师哲，何岩，等. 碱减量废水资源化回收与处理技术研究进展 [J]. 工业用水与废水，2018，49 (6)：1-4.

[14] 刘超男. 碱减量废水的处理研究 [D]. 上海：东华大学，2005.

[15] 郭丽. 退浆废水中聚乙烯醇的回收研究 [D]. 上海：东华大学，2008.

[16] 邱滔，杨欢，彭全舟，等. 盐析协同絮凝法去除及回收退浆废水中的 PVA [J]. 常州大学学报（自然科学版），2010，22 (3)：49-52.

[17] 王志辉. 印染退浆废水中聚乙烯醇回收设备的开发和应用 [J]. 染整技术，2016，38 (1)：54-58.

[18] 张毅. 退浆废水中聚乙烯醇的回收 [D]. 上海：东华大学，2006.

[19] 周瑾. 膜分离技术在印染行业清洁生产中的应用 [J]. 水处理技术，2011，37 (1)：9-13.

[20] 管荣辉. 厌氧折流板反应器（ABR）处理高浓度退浆废水特性研究 [D]. 上海：东华大学，2010.

[21] 周建冬. 厌氧折流板反应器处理退浆废水的试验研究 [D]. 上海：东华大学，2009.

[22] 奚旦立，马春燕. 印染废水的分类、组成及性质 [J]. 印染，2010，36 (14)：51-53.

[23] 曾青云，薛丽燕，曾繁钢，等. 氨氮废水处理技术的研究现状 [J]. 有色金属科学与工程，2018，9 (4)：83-88.

[24] 闫家望. 高氨氮废水处理技术及研究现状 [J]. 中国资源综合利用，2018，36 (3)：99-101.

[25] 袁捷，杨宁，周艳君. 吹脱法处理高浓度氨氮废水的研究 [J]. 化学工业与工程技术，2009，30 (4)：55-57.

[26] 刘华，李静，孙丽娜，等. 蒸氨/氨吹脱两级工艺处理高浓度氨氮废水 [J]. 中国给水排水，2013，29 (20)：96-99.

[27] 王文斌，董有，刘士庭. 吹脱法去除垃圾渗滤液中的氨氮研究 [J]. 环境污染治理技术与设备，2004，5 (6)：51-53.

[28] 沙之杰，杨勇. 短程硝化反硝化生物脱氮技术综述 [J]. 西昌学院学报，2008，22 (3)：61-64.

[29] 张钰，陈辉，姬玉欣，等. 厌氧氨氧化脱氮工艺研究进展 [J]. 化学进展，2014，33 (6)：1589-1595.

[30] 吕其军，施永生. 同步硝化反硝化脱氮技术 [J]. 昆明理工大学学报. 2003，28 (6)：91-95.

[31] 周康根. 一种氨氮废水的处理方法 [P]. CN：102030438A，2011-04-27.

[32] 刘恒嵩，戴征文，肖华. 一种氨氮废水的处理系统及工艺 [P]. CN：109231572A，2019-01-18.

[33] 赵贤广，徐炎华，李武. 一种高效吹脱与尾气氨资源化氨氮废水闭路处理集成工艺 [P]；CN：201010552653.2. 2010-11-19.

[34] 郝醒华, 刘继凤, 陈云伟. 氨氮水处理技术研究 [J]. 黑龙江大学自然科学学报, 2001, 18 (1): 95-97.

[35] 刘文龙, 钱仁渊, 包宗宏. 吹脱法处理高浓度氨氮废水 [J]. 南京工业大学学报 (自然科学版), 2008, 30 (4): 56-59.

[36] 周明罗, 罗海春. 吹脱法处理高浓度氨氮废水的实验研究阴 [J]. 宜宾学院学报, 2008, 8 (6): 76-78.

[37] 鲍玥. 印染废水处理系统中锑的迁移转化规律及其处理工艺研究 [D]. 杭州: 浙江大学, 2017.

[38] 邹骏华. 印染废水为主的污水处理厂锑污染特征及吸附处理工艺研究 [D]. 杭州: 浙江大学, 2017.

[39] 刘松杨. 印染废水的处理方法及重金属镉的快速测定方法研究 [D]. 长沙: 中南大学, 2013.

[40] 朱虹, 孙杰, 李剑超. 印染废水处理技术 [M]. 北京: 中国纺织出版社, 2004.

[41] 高延耀, 顾国维, 周琪. 水污染控制工程 [M]. 4版. 北京: 高等教育出版社, 2015.

[42] 刘松杨. 印染废水的处理方法及重金属镉的快速测定方法研究 [D]. 长沙: 中南大学, 2013.

[43] 张生林. 印染废水处理技术及典型工程 [M]. 北京: 化学工业出版社, 2005.

[44] 史惠祥, 李威, 陈磊, 等. 一种高效经济去除印染废水中锑的方法及设备 [P]. CN: 109970278A, 2019-07-05.

[45] 张勇, 赵帅帅, 姚菊明. 一种利用羟基磷灰石-聚合硫酸铁-聚丙烯酰胺混凝去除印染废水中锑离子的方法 [P]. CN: 110054314A, 2019-07-26.

[46] 沈浙萍, 李亚, 梅荣武, 等. 纺织染整废水除锑工程提标改造实例 [J]. 中国给水排水, 2019, 35 (14): 91-94.

[47] 陈泽文. 含铬废水高效吸附处理复合材料的制备与应用研究 [D]. 大连: 大连理工大学, 2019.

[48] 邓喜红, 王超, 孙志科. 化学沉淀工艺处理电镀高浓度含铬废水工程实例 [J]. 绿色科技, 2013 (1): 49-51.

[49] 朱仁雄. 丝光淡碱回用的几个方法 [C]//中国印染行业协会. 诺维信全国印染行业节能环保年会论文集. 2008: 391-396.

[50] 王佳丽, 余楚梁, 江绍刚, 等. 染整企业丝光淡碱液回收利用的实践探索 [J]. 染整技术, 2013, 35 (1): 47-50.

第4章
综合废水处理与回用成套技术

4.1 印染综合废水常规处理及回用成套技术

4.1.1 印染综合废水常规处理技术

对印染生产过程中的高浓度有机废水，如退浆废水、碱减量废水，或者含有特殊污染物废水，如含铬废水、含锑废水等，进行单独预处理后，与各种生产工艺产生的低浓度有机废水，如漂洗废水等，一起进入调节池混合，形成大水量的印染综合废水，按排放要求或回用要求，选择合适的技术进行常规处理和深度处理。综合废水经常规处理后可达到行业排放标准中的间接排放要求，再经深度处理后达到直接排放要求。考虑生产回用水质和水量要求，可将清污分流后的低浓度有机废水经处理后直接回用，或者综合废水经常规处理并结合回用处理后回用。

印染废水处理工艺流程概图如图 4-1 所示。

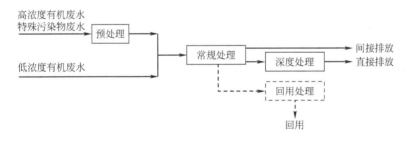

图 4-1　印染废水处理工艺流程概图

根据不同织物的印染工艺不同，其混合废水水质也有差异，采用的常规处理工艺流程也不同。机织棉及棉混纺印染综合废水常规处理工艺流程如图 4-2 所示，针织棉及棉混纺印染综合废水常规处理工艺流程如图 4-3 所示，毛印染综合废水常规处理工艺流程如图 4-4 所示，丝绸印染综合废水常规处理工艺流程如图 4-5 所示，麻印染综合废水常规处理工艺流程如图 4-6 所示，以涤纶为主的化纤印染综合废水常规处理工艺流程如图 4-7 所示，印花或蜡染综合废水常规处理工艺流程如图 4-8 所示。

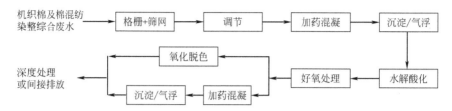

图 4-2   机织棉及棉混纺印染综合废水常规处理工艺流程

图 4-3   针织棉及棉混纺印染综合废水常规处理工艺流程

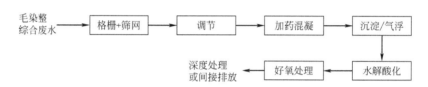

图 4-4   毛印染综合废水常规处理工艺流程

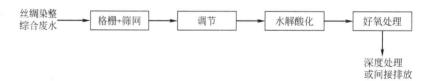

图 4-5   丝绸印染综合废水常规处理工艺流程

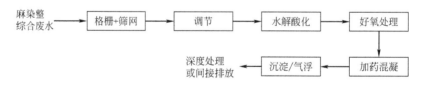

图 4-6   麻印染综合废水常规处理工艺流程

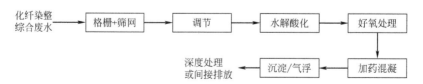

图 4-7   化纤印染综合废水常规处理工艺流程

图 4-8　印花或蜡染综合废水常规处理工艺流程

4.1.1.1　格栅与筛网

（1）技术原理

格栅或筛网是指利用留有缝隙或孔眼的装置或由某种介质组成的滤层，截留废水中粗大的悬浮物和杂质，以保护后续处理设施正常运行的一种预处理方法。格栅一般由一组平行的栅条组成，而由金属丝网或孔板构成的则为筛网。

格栅与筛网可分为平面与曲面两种。

格栅去除的是可能堵塞水泵及管道阀门的较粗大的悬浮物，一般置于泵站集水池的进口处；而筛网去除的是格栅难以去除的呈悬浮状的细小纤维类物质，一般宜设置在水泵的出口处。

（2）技术特点

根据栅条间距的不同，格栅可分为粗格栅（50～100mm）、中格栅（10～50mm）和细格栅（1～10mm），拦截相应大小的漂浮物或悬浮物。

印染行业排污单位均需进行格栅或筛网预处理，废水处理宜选择 3～10mm 的细格栅，以截留混在印染废水中的漂浮物和部分悬浮物；短绒、短纤维较多时，在调节池进口应采用具有清洗功能的滤网设备，筛网空隙宜为 10～20 目。

（3）技术治理效果

通过栅条或者筛网的拦截作用，将废水中较粗大悬浮物或漂浮物质分离，对后续废水处理设施、管道和设备安全运行起保护作用。

（4）技术适用性

格栅/筛网是印染废水处理不可或缺的预处理设施，宜选用机械式操作方式以减轻操作强度。废水经格栅/筛网处理以后会产生栅渣/筛余物，应妥善收集并外运处置。

4.1.1.2　调节

（1）技术原理

对于水质水量波动比较大的工业废水，在进入废水处理主体设施之前，必须先进行均和调节预处理，使其出水水量和水质都比较稳定，为后续的水处理系统提供一个稳定和优化的操作条件。

用以调节进、出水水量与水质的构筑物称为调节池。

（2）技术特点

调节池的有效容积应根据废水排放规律、水质水量变化、生产班次等因素，依据水量变化累计曲线采用图解法确定，在无确切数据时宜按水力停留时间为 8～16h 水量设计。

当调节池采用空气搅拌时，每 $100m^3$ 有效池容的气量宜按 $1.0～1.5m^3/min$ 设计；当采用射流搅拌时，功率应不小于 $10W/m^3$；当采用液下（潜水）搅拌器时，设计流速宜采用 0.15～0.35m/s。

（3）技术治理效果

调节预处理主要是对水量和水质的调节作用，还可考虑兼有中和、降温、沉淀、混合、加药和预酸化等功能，还可用作事故排水。

（4）技术适用性

印染生产不同工艺段产生的废水水质、水量差别大，而且具有温度相对较高、不连续排水的特征，对印染废水进行水质、水量调节及降温是保证后续处理工艺稳定运行的必要前提，因此调节池的作用不仅包括均质、均量，在印染行业中还具备 pH 值调节、降温的功能。

4.1.1.3 混凝

（1）技术原理

混凝是指通过投加化学药剂使水中胶体粒子和微小悬浮物聚集的过程，是废水处理工艺中的一种单元操作，凝聚和絮凝总称为混凝。把能起凝聚与絮凝作用的药剂统称为混凝剂。凝聚主要指胶体脱稳并生成微小聚集体的过程，絮凝主要指脱稳的胶体或微小悬浮物聚结成大的絮凝体的过程。

（2）技术特点

采用混凝沉淀技术时，混合段速度梯度 G 值为 $300～500s^{-1}$，混合时间为 30～120s；絮凝反应段速度梯度 G 值为 $30～60s^{-1}$，G 值及反应流速应逐渐由大到小，絮凝反应时间为 20～30min。

印染行业废水处理常用的混凝剂有石灰、铁盐、铝盐及其高分子混凝剂，常用的助凝剂有聚丙烯酰胺。通过后续的气浮或沉淀的作用，对于分离、去除印染废水中某些颗粒或胶体物质，如聚乙烯醇（PVA）浆料、分散染料、染化料等具有重要作用，铁盐、铝盐对于海藻酸钠、羟甲基纤维素钠（CMC）同时具有沉淀作用。

（3）技术治理效果

印染废水通过混凝处理后，废水中的胶体类物质、细小悬浮物等污染物生成粒径较大、易沉淀的絮状体后，通过重力沉淀或气浮分离去除。

（4）技术适用性

对于含有浆料、分散染料等污染物印染废水，可采用混凝＋沉淀/气浮进行去除。

4.1.1.4　沉淀/气浮

（1）技术原理

沉淀技术是借助重力作用，使密度比水大的悬浮物从废水中沉降下来，从而实现与水的分离。

该技术常用构筑物为沉淀池。

气浮技术是在水中通入或产生大量的微细气泡，使空气以高度分散的微小气泡形式附着在悬浮物颗粒上，造成密度小于水的状态，利用浮力原理使其浮在水面，从而实现固-液分离的技术。

该技术常用构筑物为气浮池。

（2）技术特点

按照水在沉淀池内的总体流向，沉淀池可以分为平流式、竖流式和辐流式三种形式，而斜管和斜板沉淀池是依据浅层沉淀原理基于上述三种沉淀池设计的改良型沉淀池。

物化沉淀池表面负荷宜在 $0.8\sim1.0m^3/(m^2 \cdot h)$ 之间，水力停留时间宜在 $1.5\sim3.0h$ 之间，可通过增设斜板方式提高沉淀效率与表面负荷。

对于含有胶体类污染物、油剂和散纤维印染废水，经混凝后可以采用气浮分离技术，对密度较小的污染物具有良好的去除效率。

混凝气浮技术采用普通气浮工艺时，表面负荷应为 $5\sim8m^3/(m^2 \cdot h)$，水力停留时间应为 $20\sim35min$，如选用浅层气浮方式可减少水力停留时间。

（3）技术治理效果

印染综合废水采用混凝＋沉淀/气浮分离技术对废水的 COD 去除率超过 50％、对色度去除率超过 70％。

（4）技术适用性

对于含有浆料、分散染料等污染物印染废水，可采用沉淀池进行分离，废水量较大时宜采用平流式或辐流式沉淀池，废水量小时宜采用竖流式沉淀池。

对于含有油剂、乳化液、非水溶性染料（如分散染料）、纤维等污染物的印染废水，在水量较小的情况下宜采用气浮技术。

混凝后沉淀或者气浮产生的污泥经脱水处理后，通常进行填埋或焚烧处置。

4.1.1.5　厌氧生物处理技术

（1）技术原理

厌氧生物处理技术是指厌氧条件下利用厌氧以及兼性厌氧微生物的水解、酸化和产氢、产甲烷的全部厌氧代谢过程，将废水中的有机物转化为一氧化碳、二氧化碳、氢和甲烷的生物降解过程。

（2）技术特点

厌氧生物处理对高浓度废水具有良好的去除效果，对毒性物质具有更好的适应性，并且不需要为氧的传递而提供大量的能耗，运行费用极低。但厌氧生物处理初次启动时间长，对温度要求较高，遭破坏后恢复期较长。

污水厌氧生物处理工艺按微生物的凝聚形态可分为厌氧活性污泥法和厌氧生物膜法。

① 厌氧活性污泥法包括普通消化池、厌氧接触消化池、升流式厌氧污泥床（UASB）、厌氧颗粒污泥膨胀床（EGSB）等；

② 厌氧生物膜法包括厌氧生物滤池、厌氧流化床和厌氧生物转盘等。

在印染废水处理中常用的厌氧生物反应器有以下几类。

1）升流式厌氧污泥床（UASB）

升流式厌氧污泥床技术是指废水通过布水装置依次进入底部的污泥层和中上部污泥悬浮区，使废水与其中的厌氧微生物反应，将废水中的有机物降解，生成沼气。气、液、固混合液通过上部三相分离器进行分离，污泥回落到污泥悬浮区，分离后废水排出系统，同时回收沼气。

2）厌氧接触工艺

厌氧接触工艺又称厌氧活性污泥法，是在消化池后设沉淀分离装置，经消化池厌氧消化后的混合液排至沉淀分离装置进行泥水分离，澄清水由上部排出，污泥回流至厌氧消化池。这样做既避免了污泥流失又可提高消化池容积负荷，从而大大缩短了水力停留时间。

3）高效厌氧折流板反应器（ABR）

厌氧折流板反应器内置竖向导流板，将反应器分隔成串联的几个反应室，每个反应室都是一个相对独立的升流式污泥床系统，其中的污泥可以是以颗粒化形式或以絮状形式存在。水流由导流板引导上下折流前进，逐个通过反应室内的污泥床层，进水中的底物与微生物充分接触而得以降解去除。上流式、推流搅拌式和折流式厌氧水解池出水 COD 平均去除率均达到 60% 以上，色度去除率均达到 75% 以上，BOD/COD 值均达到 0.4 以上。

4）厌氧膨胀颗粒污泥床（EGSB）

EGSB 反应器实际上是改进的 UASB 反应器，区别在于前者具有更高的液体上升流速，使整个颗粒污泥床处于膨胀状态，这种独有的特征使反应器可以具有较大的高径比。EGSB 反应器主要由主体部分、进水分配系统、气液固三相分离器和出水循环等部分组成。其中，进水分配系统是将进水均匀分配到整个反应器的底部，产生一个均匀的上升流速；三相分离器是 EGSB 反应器最关键的构造，能将出水、沼气和污泥三相有效分离，使污泥在反应器内有效停留；出水循环部分是为了提高反应器内的液体表面上升流速，使颗粒污泥与污水充分接触，避免反应器内死角和短流的产生。

4.1.1.6 水解酸化生物处理技术

（1）技术原理

水解酸化是指有机物进入微生物细胞前，在胞外进行的生物化学反应。水解酸化技术是一种介于好氧和厌氧处理法之间的废水处理方法，是指利用厌氧生化作用的水解和酸化阶段，将难生物降解的大分子有机污染物分解为较易生物降解的小分子有机污染物，有利于提高印染废水的可生化性和脱色效率，有利于废水的后续好氧生物处理。

（2）技术特点

水解酸化是目前印染废水处理应用广泛的生物前处理技术，是保证后续好氧生物处理系统稳定、高效运行的重要前提。

水解酸化有效容积负荷宜按 $0.7 \sim 1.5 kgCOD/(m^3 \cdot d)$ 设计，水解酸化处理印染废水时设计的水力停留时间一般宜大于 18h，水解酸化池应注重加强传质效果，通过设置脉冲、搅拌器等技术措施避免短路和死角。

（3）技术治理效果

通过水解酸化作用，印染废水的 COD 去除率一般为 $10\% \sim 30\%$，废水的可生化性提高 $10\% \sim 20\%$。

（4）技术适用性

水解酸化的主要作用是改善废水的可生化性，适合于综合印染废水进入好氧生物处理之前的生物预处理。水解酸化过程剩余污泥产生量较少，经浓缩、脱水后填埋或焚烧处理。

4.1.1.7 好氧生物处理技术

（1）技术原理

好氧生物处理技术是指在有氧条件下，依赖好氧菌和兼氧菌的生化作用，有机物被微生物氧化分解的过程。在废水的好氧生物处理过程中，废水中的一部分有机物在细菌生命活动过程中被同化、吸收，转化成增殖的细菌菌体部分，另一部分有机物则被氧化分解成简单的无机物（如 CO_2、H_2O、NO_3^- 等），并释放能量供微生物生命活动的需要。

好氧生物处理可以实现对有机物的彻底矿化，是目前印染废水生物处理不可或缺的主要工艺。好氧生物处理根据微生物在反应器中的状态分为活性污泥法和生物膜法，它们均在印染废水处理过程中广泛应用。

（2）技术特点

好氧生物处理相较厌氧处理反应速率较快，所需反应时间较短，处理效率高，处理出水有机物浓度低，且在反应过程中基本上没有什么臭气。根据生物反应器中微生物的形态，印染废水好氧生化处理分为活性污泥法和生物膜法。根据生物反应器运行方式，分为传统活性污泥法和完全混合活性污泥法、生物接触氧化法、序批式活性污泥法（SBR）及其各类改型工艺、厌氧好氧工艺法（A/O 法）、膜生物反应器（MBR）和氧化沟等。

1）完全混合活性污泥法

完全混合活性污泥法是在人工充氧的条件下，对污水和各种微生物群体进行连续混合培养，形成活性污泥。利用活性污泥的生物凝聚、吸附和氧化作用，以分解去除废水中的有机污染物，最终实现对有机物的矿化，将其转化为 CO_2 和 H_2O。废水经过活性污泥处理以后，混合液通过沉淀或气浮设施使污泥与水分离，大部分污泥再回流到曝气池，以保证反应器内污泥浓度，多余部分则排出活性污泥系统。

2）生物接触氧化法

生物接触氧化法是从生物膜法派生出来的一种废水生物处理法。该方法在好氧池内设置填料，供微生物生长，以增加反应器中的微生物量，采用与曝气池相同的曝气方法提供微生物所需的氧量，并起搅拌与混合的作用。因此，生物接触氧化法又称为接触曝气法，是一种介于活性污泥法与生物滤池两者之间的生物处理法，是具有活性污泥法特点的生物膜法，兼具两者的优点。

相比于传统的活性污泥法，该工艺具有污泥浓度高、污泥龄长、污泥产量少、不需要污泥回流等工艺优点。

3）序批式活性污泥法（SBR）

SBR 是一种按间歇曝气方式来运行的活性污泥废水处理技术。SBR 的主要特征是在运行上的有序和间歇操作，其核心是 SBR 反应池；该池集均化、初沉、生物降解、二沉等功能于一池，无污泥回流系统。滗水器是该法的一项关键设备。与传统完全混合式废水处理工艺不同，SBR 技术实现了在时间上的推流操作方式，因此具有更高的去除效率，尤其适用于间歇排放和流量变化较大的场合，在国内有广泛的应用。该工艺及其改进工艺，如 CASS、UNITANK 等可以通过好氧、缺氧状态的交替运行，实现生物脱氮功能。

4）A/O 法

A/O 法在好氧池实现硝化，在缺氧池中实现反硝化脱氮。A/O 工艺将前段缺氧段和后段好氧段串联在一起，A 段 $DO \leqslant 0.2mg/L$，O 段 $DO = 2 \sim 4mg/L$。在缺氧段异养菌将污水中的淀粉、纤维等悬浮污染物和可溶性有机物水解为有机酸，使大分子有机物分解为小分子有机物，不溶性的有机物转化成可溶性有机物，当这些经缺氧水解的产物进入好氧池进行好氧处理时可提高污水的可生化性及氧的利用效率；在缺氧段，异养菌将蛋白质、脂肪等污染物进行氨化（有机链上的 N 或氨基酸中的氨基）游离出氨（NH_3、NH_4^+），在充足供氧条件下自养菌的硝化作用将 NH_3、NH_4^+ 氧化为 NO_3^-，通过回流控制返回至 A 池，在缺氧条件下异氧菌的反硝化作用将 NO_3^- 还原为分子态氮（N_2），完成 C、N、O 在生态中的循环，实现废水无害化处理。

　　该法的优点在于系统简单，运行费用低。印染废水中的氮元素来源较多，一般情况下仅仅染料中的氮并不需要特殊的脱氮措施，但是生产工艺涉及使用液氨、尿素等助剂时，以及涉及一些蛋白质纤维预处理过程时（如蚕丝脱胶过程），废水处理系统需要具有脱氮功能。印染废水生物脱氮系统宜外加碳源并控制废水碱度才可以获得良好的生物脱氮效果。

　　5）氧化沟

　　氧化沟是活性污泥法的一种变型，利用连续环式反应池作生物反应池，混合液在该反应池内连续循环，相比传统活性污泥法，可以省略调节池、初沉池、污泥消化池，有的还可以省去二沉池。

　　氧化沟的水力停留时间长，有机负荷低，其本质上属于延时曝气系统。

　　氧化沟比常规的活性污泥法能耗降低 20%～30%。与其他废水生物处理方法相比，氧化沟处理流程简单，操作管理方便，出水水质好，工艺可靠性强。氧化沟工艺通过好氧、缺氧交替运行可以实现生物脱氮。

　　(3) 技术治理效果

　　印染废水经水解酸化生物处理后其可生化性得以提升。废水中大量小分子有机物、氨氮等可使用好氧生物处理技术将这部分污染物在低能耗条件下实现较彻底生物降解。废水经过好氧生物处理后，COD 去除率可达 70%，BOD_5 去除率可达 99% 以上，经 A/O 法脱氮处理后 NH_4^+-N 的去除率可达 80%。

　　当采用活性污泥法时，污泥负荷宜按 0.30～0.50kgCOD/(kgMLSS·d) 设计；采用生物接触氧化法时，容积负荷宜按 0.4～0.8kgBOD$_5$/(m³ 填料·d) 设计，并按废水停留时间进行校核。氧化沟法水力停留时间 10～40h；污泥龄一般大于 20d；有机负荷 0.05～0.15kgBOD$_5$/(kgMLSS·d)；容积负荷 0.2～0.4kgBOD$_5$/(m³·d)；活性污泥浓度 2000～6000mg/L。

　　(4) 技术适用性

　　好氧生物处理适合用于各类印染废水，特别是对原水 BOD_5 浓度在 600mg/L 以下而处理净化程度要求较高的综合废水处理系统。好氧生物法产生剩余污泥，可做进一步的污泥生物减量化处理或填埋、焚烧处置。

4.1.2　印染综合废水深度处理及回用成套技术

　　常规处理后的深度处理或回用处理工艺一般可采用混凝沉淀（或气浮）法、化学氧化法、膜分离法、膜生物反应器（MBR）、曝气生物滤池法、生物活性炭法、过滤法、吸附法等工艺中的一种或几种工艺组合。

4.1.2.1　臭氧氧化处理技术

　　(1) 技术原理

　　臭氧氧化法指以含低浓度臭氧的空气或氧气作为氧化剂，对经过二级生物处理后的印染废水进行净化的高级氧化方法。

经过一级、二级处理后的印染废水，可生化性差，通过臭氧氧化产生的羟基自由基（·OH）氧化作用，可以将废水中残留的难生物降解有机物彻底氧化降解或者分解生成小分子有机物，改善废水可生化性。

（2）技术特点

臭氧氧化法水处理的工艺设施主要由臭氧发生器和气水接触设备组成。通过气水接触设备扩散于待处理水中，通常是采用微孔扩散器、涡轮混合器等。臭氧的利用率要求达到90％以上，剩余臭氧随尾气外排，为避免污染空气，尾气可用活性炭或霍加拉特剂催化分解，也可用催化燃烧法使臭氧分解。

臭氧氧化法的主要优点是反应迅速，流程简单，没有二次污染问题。但生产臭氧的电耗较高，生产 1kg 臭氧约耗电 20～35kW·h。臭氧的投加量按 COD 去除量计算，一般可按照去除 COD 量的 2～3 倍投加。臭氧氧化法与曝气生物滤池结合是一种优良的印染废水深度处理组合工艺。

（3）技术治理效果

该技术针对印染废水脱色效果理想，但单独臭氧处理对 COD 的去除率一般，仅维持在 30％左右，且运行成本相对较高。

（4）技术适用性

臭氧氧化技术有较好的脱色效率，对生化残余 COD 也有一定的去除效率，但处理成本相对较高。而臭氧结合活性炭或臭氧结合生物处理，可以提高残余难降解 COD 的去除效率，同时也可适当降低深度处理成本。

4.1.2.2 芬顿氧化处理技术

（1）技术原理

芬顿氧化技术是利用亚铁离子作为过氧化氢的催化剂，在酸性条件下，利用 Fe^{2+} 和 H_2O_2 之间的链反应催化生成的 ·OH 的强氧化作用，氧化各种有毒和难降解的有机化合物，以达到去除污染物的目的，特别适用于生物难降解或一般化学氧化难以奏效的有机废水。

通过芬顿氧化，可将经过二级生化处理印染废水中残留的难生物降解有机物彻底氧化降解或者分解生成小分子有机物，改善废水可生化性。

（2）技术特点

芬顿反应具有较强的氧化效率，且氧化选择性较小，经过二级生化处理的印染废水经芬顿氧化处理以后，废水中残留的难生物降解有机物彻底氧化降解或者分解生成小分子有机物。但芬顿强氧化技术产生较多的污泥，需要进行脱水、填埋或者焚烧处理。

芬顿强氧化技术消耗一定量的酸和碱（用于废水的 pH 值调节）、双氧水及硫酸亚铁等化学药品，处理效率高，易控制，但是会带入大量盐类进入水体中，从而增加了后续膜处理过程的难度和成本。

（3）技术治理效果

COD 去除率可大于 50％。

（4）技术适用性

芬顿强氧化技术氧化效率高、适用性广，对大部分的难生物降解有机物具有较强的矿化或分解作用。类芬顿高级氧化作为芬顿强氧化技术的改进工艺，可在弱酸性条件甚至中性条件下进行，但不宜在含有浆料、多糖类物质的退浆废水、印花废水处理中使用。

4.1.2.3　活性炭吸附处理技术

（1）技术原理

活性炭是一种经特殊处理的炭，具有无数细小孔隙，比表面积可达到 $500 \sim 1500 m^2/g$，因此活性炭有很强的物理吸附和化学吸附功能。活性炭吸附处理是利用活性炭的固体表面对水中的一种或多种污染物质的吸附作用，以达到净化水质的目的。

（2）技术特点

活性炭吸附法处理效果好、出水水质比较稳定，能用于处理成分复杂、浓度和水量多变的废水，但投资和处理费用昂贵。

活性炭对分子量在 1500 以下的环状化合物和不饱和化合物以及分子量在数千以上的直链化合物（糖类）有较强的吸附能力，效果良好。因此在活性炭吸附之前增设臭氧氧化单元，将大分子有机物氧化分解为小分子有机物，有利于提高活性炭的吸附效果和处理能力。

（3）技术治理效果

活性炭用于印染废水的深度处理，出水 COD 浓度为 $30 \sim 40 mg/L$ 时，接触时间为 $20 \sim 30 min$；出水 COD 浓度为 $20 \sim 30 mg/L$ 时，接触时间为 $30 \sim 50 min$；滤速一般控制在 $6 \sim 15 m/h$，基本可满足回用水的水质要求，但投资和处理费用高昂。

（4）技术适用性

活性炭对水质、水温及水量的变化有较强的适应能力。对同一种有机污染物的污水，活性炭在高浓度或低浓度时都有较好的去除效果。由于活性炭对水的预处理要求高，而且投资和处理费用昂贵，因此在印染废水的处理中活性炭吸附主要用来去除废水中的微量污染物，以达到深度净化的目的。

4.1.2.4　膜分离技术

膜分离技术作为印染厂废水深度处理、回用的重要技术，可降低排放废水中污染物的浓度、提高废水回用率、减少废水排放量。

（1）技术原理

膜分离技术是指在分子水平上不同粒径分子的混合物在通过半透膜时，实现选择性分离的技术。半透膜又称分离膜或滤膜，膜壁布满小孔，是具有选择性分离功能的材料。膜分离是利用膜的选择性分离实现废水的不同组分的分离、纯化、浓缩的过程。根据分离膜孔径大小可以分为微滤膜（MF）、超滤膜（UF）、纳滤膜（NF）、反渗透膜（RO）等。

印染废水深度处理的膜分离常用超滤、纳滤和反渗透及其组合技术。

（2）技术特点

膜分离技术由于兼有分离、浓缩、纯化和精制的功能，又有高效、节能、环保的特点，可实现分子级过滤且过滤过程简单、易于控制，已成为印染废水深度处理中最重要的手段之一。

（3）技术治理效果

① 微滤主要用于截留悬浮固体、胶粒、细菌等粒径较大的颗粒。

② 超滤系统简单、操作方便、占地小、投资省、出水质优，可满足各类反渗透、纳滤装置的进水要求。

③ 纳滤对于 Ca^{2+}、Mg^{2+} 具有良好截留效率，而相对于反渗透具有较低的操作压力，基于这一特性，纳滤在印染用水软化和印染废水回用中已经广泛应用。

④ 反渗透系统产生的淡水可以满足印染回用水的水质标准，可回用于生产线，浓水可经独立处理系统处理后排放。

⑤ 电渗析可用于反渗透产生的浓水的初级脱盐，脱盐率在 $45\%\sim90\%$ 之间，可进一步提高废水的回用效率。

（4）技术适用性

在印染废水处理中，微滤处理可以接近100%去除废水中的悬浮物乃至部分细菌，使出水澄清，可以作为印染废水深度处理达到直接排放前的水质保障措施；超滤＋反渗透是印染废水部分回用的主要水处理手段；电渗析可用于反渗透浓水的脱盐处理，在进一步提高废水的回用效率的同时，也使反渗透浓水中的盐分得以提高，减少了浓水水量，为浓水最终的脱盐创造了条件，是实现印染准"零排放"的重要步骤之一。

4.1.2.5　膜生物反应器处理技术

（1）技术原理

膜生物反应器（MBR）是将膜分离技术（一般为微滤或超滤膜）与废水处理生物反应器相结合的一种废水处理装置。通过膜组件截留活性污泥混合液中的微生物絮体和较大分子有机物，使反应器获得高微生物浓度，并延长有机物停留时间，提高了微生物对有机物的降解效率。

（2）技术特点

MBR 出水质量高，占地面积小，不受设置场合限制，可去除 NH_4^+-N 及难降解有机物，操作管理方便，无需二沉池及污泥回流，易于实现自动控制，且污泥产率系数低，剩余污泥产量少。但 MBR 膜的造价较高，能耗较大，存在膜污染，需定期清洗。

（3）技术治理效果

相较于常规的好氧生物处理技术，MBR 对污染物的处理效率普遍可提高 $10\%\sim20\%$，COD 去除率为 $60\%\sim80\%$，BOD_5 和 SS 的总去除率均＞95％，TN 的去除率在 50％以上。

（4）技术适用性

在印染废水的处理中，MBR 可以作为好氧生物处理措施取代常规的好氧生物处理环节，或作为改造工艺提高原有常规好氧生物处理设施，以提高生物处理效率。但是，若选择 MBR 技术作为废水的好氧生物处理措施，其前处理混凝应谨慎采用铁盐作为混凝剂，以防止加剧膜污染。

4.1.3　典型工程案例

4.1.3.1　某棉印染企业废水深度及回用处理改造工程

某大型棉印染企业是产品出口型及高新技术型纺织企业，业务范围涵盖纺纱、染色、织布、后整理、制衣及制衣辅料。公司年产棉纱 5000t、全棉色织布 9000 万码、针织布 13000t、成衣 500 万打（1 打＝12 件），产品主要出口美国、欧洲、日本、东南亚等地。

（1）废水深度及回用处理改造工程

该企业原有一套废水处理设施，日处理纺织印染废水 15000m³，主要处理工艺为：混凝—厌氧—好氧生物组合工艺，处理出水能达到当地排放要求。

为响应国家"十二五"规划发展清洁生产的号召，该企业决定对原废水处理系统进行升级改造，以实现部分出水的深度处理及回用。

公司在前期小试及中试研究的基础上，先期改造 5000m³/d 的废水深度处理及回用工程。该改造工程以生化二沉池经砂滤后的出水为系统的进水，首先进入废水的深度处理系统，进一步降低废水中的有机污染物浓度，并同时确保深度处理的出水满足膜分离系统的进水要求，而后进入回用处理系统，出水满足生产用水的水质标准。

（2）设计进出水水质

设计进出水水质见表 4-1。

表 4-1   设计进出水水质数据

项目	水量 /(m³/d)	色度 /倍	COD /(mg/L)	BOD$_5$ /(mg/L)	SS /(mg/L)
进水指标	5000	≤64	≤110	≤30	≤60
深度处理出水指标		≤4	≤40	≤20	≤10
回用处理出水指标		0	≤10	≤1	≤1

（3）废水深度处理工艺

原厂二沉池出水→一体式臭氧 BAF→上流式 BAF→清水收集池。

原厂二沉池出水由水泵提升进入一体式臭氧 BAF 系统，废水经过臭氧氧化和微生物降解后，自流进入上流式曝气生物滤池进行进一步处理，废水达到预定深度处理目标后，最终经由出水堰进入清水池。一体式臭氧 BAF 和上流式 BAF 需根据运行情况进行反冲洗，反洗排水汇入反洗水收集池后，经砂滤重新进入深度处理系统。

一体式臭氧 BAF 共 8 个，并联运行，单池陶粒装填量为 90m³，陶粒粒径为 3～5mm，孔隙率约为 50%，单池有效容积约为 87.5m³，HRT 约为 3.3h，表面负荷为 1m³/(m²·h)，气水比为 6:1；上流式 BAF 共 5 个，并联运行，所用陶粒同臭氧 BAF，单池陶粒装填量为 75m³，单池有效容积约为 75m³，HRT 约为 1.78h，表面负荷为 1.67m³/(m²·h)，气水比为 3:1。工程所用臭氧发生器为定制产品，臭氧发生量 6kg/h，额定功率为 60kW。

（4）回用处理工艺

深度处理清水收集池→高压泵→砂滤罐→保安过滤器→超滤组件→保安过滤器→反渗透组件→回用水池。

深度处理系统出水通过高压泵进入砂滤罐，砂滤罐出水经保安过滤器进入超滤组件，其出水暂存于超滤产水池，然后再通过高压泵先后进入保安过滤器和反渗透组件，反渗透产水储存于回用水池，浓缩液达到排放标准直接外排。膜分离系统在运行过程中需投加适量的还原剂、杀菌剂和阻垢剂，以延长膜组件使用寿命。

回用处理系统中，砂滤罐、超滤膜组件和反渗透膜组件的操作压力分别为 0.03MPa、0.08MPa、0.9MPa，反渗透透析流量与浓缩液流量之比约为 7:3。膜组件碱洗药剂为质量分数为 30% 的工业烧碱和质量分数为 10% 的次氯酸钠溶液，酸洗药剂为质量分数为 20% 的柠檬酸和体积分数为 30% 的盐酸溶液。

4.1.3.2   某蜡染企业水质净化厂废水处理工程

某蜡染企业生产规模为年产蜡染面料 2.2 亿米，设计日处理废水 10000t，中水回用 7000t。

（1）废水组成

1）前处理废水

主要包括退浆、煮练、丝光和漂白废水。退浆废水和煮练废水含棉共生杂质、浆料、碱剂和表面活性剂等，颜色深、碱性强、有机污染物浓度高。丝光废水主要含碱剂，少量浆料和棉纤维杂质，有机污染物负荷低，可回用于退浆、煮练等工段。漂白废水含残余漂白剂及漂白助剂，污染轻，与处理水混合后可直接排放。机械洗蜡废水主要含有大量的松香蜡、靛蓝染料（或冰染料），悬浮物高达数万mg/L；皂化脱蜡废水含有大量皂化松香蜡、碱剂等，色度高，pH值高达13以上。

2）蜡染印花生产工序及生产废水

主要包括前处理、打底、上蜡、甩蜡纹、染色、机械洗蜡、皂化脱蜡、印花、水洗、后整理等加工过程。其生产废水主要由前处理废水、机械洗蜡废水、皂化脱蜡废水和印花后水洗废水所组成。

3）印花后水洗废水

含印花糊料、未固色染料、助剂等，色度高。

（2）废水水质

废水具体水质详见表4-2。

表4-2　废水水质水量数据

项目	水量/(m³/d)	色度/倍	pH值	COD/(mg/L)	BOD₅/(mg/L)	SS/(mg/L)	NH₄⁺-N/(mg/L)
进水指标	10000	1000	3～14	2000～3000	500	1000	50

（3）设计出水水质

设计回用处理前回用原水水质要求见表4-3。

表4-3　工程回用处理前原水水质要求

项目	pH值	色度/倍	悬浮物/(mg/L)	COD/(mg/L)	NH₄⁺-N/(mg/L)
生化出水标准	6～9	80	40	100	8

本工程回用水水质标准参照《纺织染整工业回用水水质》（FZ/T 01107—2011），具体要求见表4-4。

表4-4　回用水水质标准

项目	pH值	色度/倍	悬浮物/(mg/L)	COD/(mg/L)	锰/(mg/L)	铁/(mg/L)	总硬度(以CaCO₃计)/(mg/L)
回用标准	6～9	25	≤30	≤50	≤0.1	≤0.1	≤150

本工程处理后排放的废水水质满足工业园区污水纳管标准，具体要求见表4-5。

表 4-5   园区污水纳管标准

序号	污染物指标	标准值
1	pH 值	6~9
2	色度(稀释倍数)	80
3	悬浮物(SS)/(mg/L)	150
4	化学需氧量(COD)/(mg/L)	650
5	NH_4^+-N/(mg/L)	35
6	TN/(mg/L)	50
7	磷酸盐(以 P 计)/(mg/L)	3
8	TP(以 P 计)/(mg/L)	6

(4)废水处理系统工艺

废水处理工艺流程见图 4-9。

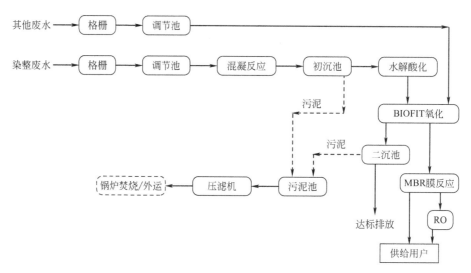

图 4-9   废水处理工艺流程

1)预处理

针对废水水质情况,废水分流后对蜡染废水进行松香回收,采用的工艺流程是:机械洗蜡废水分流后采用部分回流加压溶气双级气浮工艺处理,可分离出绝大部分松香蜡,气浮后出水流入回用水池可回用于洗蜡车间,实现了封闭循环。皂化脱蜡废水分流后经酸化破乳可使大量松香皂转变为疏水性松香,经过酸析池后析出松香送到松香蒸馏区域,废水进入水质净化厂集水井内。

2)BIOFIT 生化工艺

BIOFIT 生化工艺是百菲特公司基于欧洲先进的污水处理理念,经过多年的工程实践,结合国内工业废水实际情况自主开发出来的新型污水处理技术。BIOFIT

生化池是一种具有低溶氧高污泥浓度大回流抗冲击负荷等优点的高效活性污泥系统。

目前传统工艺的脱氮基本上都是采用先硝化后反硝化的分离式脱氮系统，此方式硝化池控制溶解氧较高，溶解氧粗放式控制造成大量能耗的浪费，而大量硝化液回流时又造成反硝化池内溶解氧偏高，不利于反硝化，被迫增大反硝化池的容积或停留时间满足反硝化需求。该种脱氮方式效率低且占地面积大，运行复杂，能耗高，脱氮稳定性靠较大的反硝化池容积来保证。

而 BIOFIT 生化工艺中活性污泥系统是基于先进的同步硝化反硝化脱氮理论为基础的高效生物处理系统，它通过控制曝气池溶解氧，不仅实现对有机物的彻底去除，更重要的是实现了硝化反硝化的同步进行，简化了脱氮流程，节省了碳源，更是提高了脱氮效率，同时也避免了由于硝态氮积累带来的不利影响。

溶解氧控制是 BIOFIT 生化工艺的一大亮点，同时也是该系统处理效果能够实现的基石，为实现溶解氧的控制，经过多年的实践和研究，BIOFIT 生化工艺应用新型空气提升系统、高效曝气系统、智能化控制系统等多项专利技术，旨在稳定控制曝气池内溶解氧，实现工艺所要求的系统环境。

BIOFIT 氧化工艺除了处理效率高、出水稳定可靠外，还具有以下特点。

① 具有自我调节能力以及耐冲击能力。由于智能溶解氧控制系统（DOCS）是为 BIOFIT 氧化工艺量身定做，该控制系统可以根据水质水量的变化以及同步脱氮过程中溶解氧、氨氮、硝氮以及总氮之间的关系综合判断系统的实际需氧量，智能调节需氧和供氧的关系；同时由于系统本身有大倍比循环稀释系统以及高污泥浓度，可充分避免由于来水水质变化造成的系统冲击而保证出水水质稳定。

② 空气提升技术节约大量能耗。通过巧妙的池体结构设计，利用空气作为提升原动力，利用较小的能耗，产生较大的水流推动力，进而推动曝气池中泥水混合物进行流动，使得池内物质高速循环，从而实现了大倍比循环的技术要求。

③ 节能降耗效果非常明显。低氧运行节省大量的供风量，同时高效的曝气系统将充氧效率提高到 50% 以上，如此可将鼓风机的能耗大大降低；也为运行节省了能耗，基于实际项目的耗电量统计，BIOFIT 生化工艺要比传统工艺节省电耗约 30% 以上。

④ 总投资费用低和占地节省。由于系统污泥浓度高，容积负荷较传统工艺高，系统总池容仍小于传统工艺的生化池池容，池内设备少，所以占地和综合投资成本都要低于传统工艺。

⑤ 剩余污泥量少。目前污泥处理处置是所有污水厂面临的严峻而非常迫切的问题。BIOFIT 工艺采用低溶解氧技术且污泥负荷偏低，使得系统的污泥龄延长，污泥浓度提高，同时降低了剩余污泥量，减轻了企业在污泥处理处置方面的压力。

3）物化＋MBR 处理

蜡染酸析出水与其他染整废水经收集以后，一并排入水质净化厂废水集水井，经水泵一次提升进入调节池进行水质水量调节，在调节池前端有一个细格栅，废水经过调节池匀质匀量后经水泵二次提升进入物化沉淀池的混凝反应区，经过 pH 值调节、投加 PAC 和 PAM，经快速混合和慢速反应程序后，进入沉淀池进行固液分离，沉淀污泥由污泥斗经过排泥井重力排进污泥脱水机房的污泥池。沉淀池出水自流进入水解酸化池，大分子的有机物经过微生物的厌氧水解酸化分解为小分子有机物，提高了废水的可生化性。水解酸化池出水依靠重力自流进入气提大循环 MBR 生化池，在低溶解氧、高污泥浓度、大回流的条件下进行充分生化反应，吸附、氧化、降解废水中的有机物。MBR 生化池分为缺氧区、好氧区和 MBR 膜分离区。经过 MBR 处理后的出水，部分供给业主直接回用和作为 RO 进水，部分达标排放。

4）深度处理（回用处理）

MBR 池出水进入 RO 系统进行回用处理，RO 系统主要由保安过滤器、高压水泵、RO 装置、RO 水箱及控制系统组成。经 RO 系统处理后，产水水质达到或优于回用水水质标准，可进行生产回用，浓水进行混凝脱色处理后与部分 MBR 出水一起达标排放。

该工程项目的主要构筑物清单见表 4-6，设备清单见表 4-7。

表 4-6　主要构筑物清单

序号	设备	数量	单位	尺寸/m	结构	容积/m³
1	调节池	2	座	28×10×6	钢混	3360
2	混凝反应池	1	座	10×2×6	钢混	120
3	初沉池	1	座	28×10×6	钢混	1680
4	水解酸化池	2	座	50×10×6	钢混	6000
5	中间沉淀池	2	座	10×10×6	钢混	1200
6	BIOFIT 生化池 1	1	座	70×13×6	钢混	5460
7	BIOFIT 氧化池 2	1	座	41.4×13×6	钢混	3230
8	MBR 池	1	座	13×26×6	钢混	2028
9	回用水池	2	座	10×10×4.5	钢混	900
10	中间水池	1	座	14×14×4.5	钢混	882
11	自吸泵房	1	座	26×5×6	钢混	780
12	中水回用车间	1	座	40×20	钢构	800
13	污泥浓缩池	2	座	$\phi 10×6.5$	钢混	1020
14	鼓风机房	1	座	15×10×5.5	砖混	150

序号	设备	数量	单位	尺寸/m	结构	容积/m³
15	污泥脱水间	1	座	16×14×5.5	钢构	224
16	办公室	1	座	10×6×5	砖混	60
17	加药间	1	座	10×5×5.5	砖混	50
18	休息室	1	座	10×5×5	砖混	50
19	电控室	1	座	10×6×5.5	砖混	60
20	值班室	1	座	10×5×5	砖混	50
21	化验室	1	座	10×10×5	砖混	100
22	仓库	1	座	20×20×5.5	钢构	400

表 4-7　主要设备清单

序号	设备	设备名称	数量	型号
1	格栅池	粗格栅	1	HZG800
		细格栅	1	XGS800
		硫酸储罐	1	BLG-10
		加30%硫酸装置	1	GM0400
2	调节池	潜水提升泵	2	CP522-200(I)
3	混凝反应池	10%聚铁加药装置	1	GM0500
		0.2%PAM加药装置	1	GB 1200
4	初沉池	行车式刮泥机	1	PGT—10I
		螺杆泵	2	G40-1
		溢流堰、挡板等	1	
5	水解酸化池	污泥回流泵	4	CP53.7-150
		推流器	4	
6	BIOFIT 氧化池	曝气软管	8	BF-65
		空气提升器	2	
		溶氧仪	2	SC200/5540D0A
		鼓风机	3	BK10027
7	MBR 膜池	膜组件	30000	SAA150090ASP22
		框架	20	
		产水泵	6	KMP-315-150
		离心泵	2	G310-100
		罗茨风机	3	BK9030
		变频器	3	
		稀释水箱	1	PE-20
		NaClO 加药装置	1	GM0400

续表

序号	设备	设备名称	数量	型号
8	反渗透	反渗透膜元件	420	RE8040-Fen
		RO 支架	3	
		RO 进水泵	4	G-330-150
		保安过滤器	4	
		高压泵	4	MHA150-155-210/7
		循环泵	3	G320-100
		膜壳	70	L80S450-6
		清洗水箱	1	PE-10
		清洗泵	2	G350-200
		清洗保安过滤器	1	
		加酸装置	1	GB 1800
		加碱装置	1	GB 1500
		阻垢剂加药装置	1	GM0050
		还原剂加药装置	1	GM0050
		仪表	1	
9	污泥池	曝气系统	1	
		螺杆泵	2	G60-1
10	机房	板框污泥浓缩一体机及配套设施	2	XMZG450/1500-30UK

4.1.3.3　某针织印染企业废水处理工程

该工程为某针织印染企业 2200m³/d 印染废水处理项目。再生水回用设计能力为 660m³/d，全部为反渗透（RO）出水，可满足任何生产环节中新鲜水的要求。运行方式为 24h 连续运行。

（1）废水水质

1）前处理废水

主要为精练水。水洗处理中加清缸剂、精练乳化剂、去油沙剂、表面活性剂等，把纤维表面油剂、蜡质等杂质清洗干净，然后用酸进行中和，废水总体呈碱性。

2）染色废水

主要污染物为染料和助剂，以分散染料为主，酸性染料为辅。水洗、固色等工序废水含有漂洗未附着的染料、助剂等。脱水机脱水为坯布中残留水分，污染物浓度相对较低。

3）整理废水

在产品更换时排出的少量整理液，含柔软剂、抗黄边助剂、抗酚黄助剂和柠檬酸助剂等，污染物浓度相对较高。

本项目的各工序出水水质如表 4-8 所列。

表 4-8　各工序出水水质情况

编号	工艺	COD/(mg/L)	TN/(mg/L)	pH 值
1	染棉	960	8.0	10.8
2	还原洗	3897	29.8	7.5
3	缸练	4344		10.3
4	染涤	3462	18.4	3.7
5	皂洗	978	22.6	6.5
6	缸练酸中和	1798	—	4.6
7	酵素洗	1376	29.8	5.1
8	还原洗酸中和	1356	25.7	4.6
9	混合液	2271	126.5	10.3
10	染棉	1396	14.2	10.3
11	染棉	1521	60.0	6.5
12	氧漂	826	—	10
13	染棉后固色	2038	1.8	4.9
14	染色酸中和	1131	7.0	6.9

基于以上水质分析，各工段水质主要集中在 COD 浓度在 1000mg/L 以上，低浓度水水量少，因此考虑全部进行混合后处理。今后若产品、产能有调整，考虑清浊分流，因此在调节池内分设不同浓度区域以备用。

对生产环节前处理废水、印染废水、漂洗废水收集、输送到废水处理站，设计综合进水数据见表 4-9。

表 4-9　设计综合进水数据

项目	水量/(m³/d)	色度/倍	pH 值	COD/(mg/L)	BOD/(mg/L)	SS/(mg/L)	TN/(mg/L)
指标	2200	500	6~10	2300	400	1000	50

（2）设计出水水质要求

本工程废水外排水水质要求见表 4-10。

表 4-10　外排水水质要求

项目	pH 值	色度/倍	悬浮物/(mg/L)	COD/(mg/L)	NH_4^+-N/(mg/L)
生化出水标准	6~9	≤80	≤100	≤200	≤20

本工程 RO 出水，即回用水水质具体限值见表 4-11。

表 4-11   回用水水质标准

项目	pH 值	色度/倍	悬浮物 /(mg/L)	COD /(mg/L)	锰 /(mg/L)	铁 /(mg/L)	总硬度 /(mg/L)
回用标准	6~8	—	—	≤20	≤0.1	≤0.1	17.5

（3）废水处理工艺

该工程的工艺流程见图 4-10。

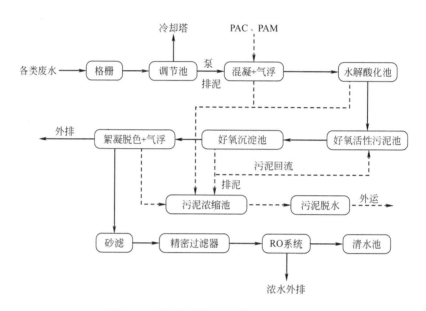

图 4-10   某针织印染废水处理工艺流程

（4）具体工程设计

1）格栅/调节池

格栅/调节池，1座，合建。调节池分为2个系统，设有闸板分离。一期运行中，采用混合处理。二期运行中，生产过程中可实现清浊分流后，高浓度废水经提升泵进入高浓度废水调节池；低浓度废水经提升泵进入低浓度废水调节池。调节池采用钢混结构，设置穿孔管曝气，防止悬浮物沉淀的同时可以实现散热，并使池内废水混合均匀。废水调节池设备具体参数见表 4-12。

表 4-12   废水调节池设备一览表

序号	设备名称	规格	单位	数量	备注
1	调节池提升泵	$Q=180\text{m}^3/\text{h}, H=15\text{m}, P=11\text{kW}$	个	2	1用1备
2	曝气风机	$Q=900\text{m}^3/\text{h}, H=488\text{kPa}$	台	2	1用1备
3	穿孔曝气系统	PVC, $d=10\text{mm}$	m	500	
4	超声波液位计	0~20mA, 测量深度9.5m	套	1	
5	冷却塔	LYC250, $Q=180\text{m}^3/\text{h}, D=3.7\text{m}, H=3.6\text{m}$	个	2	
6	自动格栅	$D=0.5\text{m}$	套	1	

冷却塔为闭式循环，置于调节池上方。

设计参数：停留时间 $T=16\text{h}$。

有效容积：$V=1575\text{m}^3$。

调节池尺寸（梯形）：$(L_1+L_2)\times W\times H=(6+15)\text{m}\times 30\text{m}\times 5.5\text{m}$，有效水深 5m。

2）混凝反应＋气浮池

高浓度废水经过冷却塔降温后进入混凝反应池。在混凝反应池投加混凝剂和絮凝剂，混凝反应时间为 15min。

混凝反应池分三格，采用钢混结构。

混凝反应池尺寸：$L\times W\times H=6\text{m}\times 3\text{m}\times 2.8\text{m}$，有效水深 2.5m。

浅层气浮池表面负荷：$3.6\text{m}^3/(\text{m}^2\cdot\text{h})$。

浅层气浮反应池尺寸：$D\times H=\varphi 9.0\text{m}\times 1.5\text{m}$，有效水深 1.0m。

由于土地面积制约，混凝反应池与气浮池系统置于水解酸化池上方。

3）脉冲式水解酸化池

印染废水色度较高，并含有大量难降解物质，因此在印染废水处理中需设置水解酸化处理单元。大分子的有机物经过微生物的厌氧水解酸化分解为小分子有机物，提高了废水的可生化性。

主要设计参数：停留时间 36h，有效容积 3300m³。水解酸化池采用脉冲形式，底部布水器使污泥与废水充分接触。池内悬挂弹性填料，增加生物量，上部设置集水槽，以便均匀出水。水解酸化池主要设备见表 4-13。

表 4-13　水解酸化池配套主要设备一览表

序号	设备名称	规格	单位	数量
1	脉冲系统	钢管 DN100	套	1
2	弹性填料	$\varphi=150\text{mm}$	m³	1650m³
3	排泥系统	钢管 DN150	套	1

水解酸化池尺寸：$L\times W\times H=13\text{m}\times 27\text{m}\times 9.5\text{m}$，水深 9.0m。

4）好氧生化池

主要设计参数：停留时间 $T=24\text{h}$，有效容积 2200m³，底部设置微孔曝气管。由于废水 COD 浓度不高，水气比选 1:40，曝气量为 60m³/min。

好氧池配套设备见表 4-14。

表 4-14　好氧池配套主要设备一览表

序号	设备名称	规格	单位	数量	备注
1	微孔曝气管	$\varphi=65\text{mm}$	批	1	
2	溶解氧仪	$0\sim 20\text{mA}$	台	1	
3	罗茨风机	$Q=30\text{m}^3/\text{min},H=4.88\text{mH}_2\text{O},P=36\text{kW}$	台	3	2用1备

注：$1\text{mH}_2\text{O}=9806.05\text{Pa}$。

好氧生化池为钢筋混凝土结构，尺寸：$L \times W \times H = 14\text{m} \times 30\text{m} \times 5.5\text{m}$，水深 5.0m。

5) 生化沉淀池

好氧生化池的混合液自流到生化沉淀池，在沉淀池泥水分离；上清液自流到混凝沉淀池，污泥回流到好氧生化池，剩余污泥排放到污泥消化池。

生化沉淀池采用辐流式沉淀池，钢筋混凝土结构，底部设有排泥斗，设中心传动式刮泥机。污泥经泵回流至好氧生化池，回流率为 100%。生化沉淀池主要配套设备见表 4-15。

表 4-15　生化沉淀池主要配套设备一览表

序号	设备名称	规格	单位	数量	备注
1	中心传动刮泥机	$L = 16\text{m}, P = 2.2\text{kW}$	台	1	
2	污泥回流泵	$Q = 45\text{m}^3/\text{h}, H = 10\text{m}, P = 2.2\text{kW}$	台	3	2用1备
3	堰板	玻璃钢材质，$h = 200\text{mm}$	m	300	

生化沉淀池的处理水量为：$Q = 2200\text{m}^3/\text{d}$，$Q_\text{h} = 91.7\text{m}^3/\text{h}$。

设计表面负荷：$N = 0.5\text{m}^3/(\text{m}^2 \cdot \text{h})$。

好氧沉淀池尺寸：$\varphi \times H = 16\text{m} \times 6\text{m}$。

6) 生化产水池

生化沉淀池产水自流进入生化池产水池，作为深度处理的中间水池分为中水和清水两格，半地下式结构。

生化产水池为钢混土结构，设置超声波液位计。

池体尺寸：$L \times W \times H = 14\text{m} \times 7\text{m} \times 5.5\text{m}$，有效水深 5.0m。

7) 化学脱色+气浮池

如在产量剧增或深色产品较多的情况下，本项目需设化学絮凝脱色工艺，作为达标排放的把关设施。二沉池固液分离之后的废水自流进入化学絮凝脱色池，经化学脱色剂、混凝剂、絮凝剂反应后，气浮分离。在脱色反应池投加脱色剂和絮凝剂，反应时间为 15min。

反应池分三格，采用钢混结构。

反应池尺寸：$L \times W \times H = 6\text{m} \times 3\text{m} \times 2.8\text{m}$，有效水深 2.5m。

浅层气浮池表面负荷：$3.6\text{m}^3/(\text{m}^2 \cdot \text{h})$。

浅层气浮池尺寸：$D \times H = \varphi 9.0\text{m} \times 1.5\text{m}$，有效水深 1.0m。

由于土地面积制约，脱色反应池与气浮池系统置于生化产水池上方。

8) 反渗透系统

反渗透（RO）装置在除盐系统中属关键设备，装置利用膜分离技术除去水中大部分离子，大幅降低含盐量。

反渗透系统包含砂滤罐、二级增压泵、精密过滤器、高压泵、反渗透膜等设备，具体设备清单见表 4-16。

表 4-16　反渗透系统主要设备一览表

序号	设备名称	规格	单位	数量	备注
1	二级增压泵	$Q=45\text{m}^3/\text{h},H=36\text{m},P=5.5\text{kW}$	台	2	
2	精密过滤器	$Q=45\text{m}^3/\text{h}$	台	1	
3	高压泵	$Q=45\text{m}^3/\text{h},H=151\text{m}$	台	1	
4	反渗透膜	1 套	套	1	

反渗透系统设计进水流量为 $1320\text{m}^3/\text{d}$，产水率设计为 50%，浓水外排。RO 系统设于产水池上方。

9）污泥浓缩池

污泥浓缩池为半地下式钢筋混凝土结构，采用连续进泥式浓缩池，池内设中心传动浓缩机。上清液自流到污水收集池。主要设备清单见表 4-17。

表 4-17　污泥浓缩池主要设备一览表

序号	设备名称	规格	单位	数量	备注
1	中心传动污泥浓缩机	$L=6\text{m}$,水下不锈钢 304,$P=0.37\text{kW}$,带浮渣挡板	座	1	

污泥量的计算是污泥处理系统的基础，根据类似污水处理厂的运行经验：

污泥干污泥量约为 $0.6\text{t}/\text{d}$。

污泥浓缩池取固体通量 $20\text{kg}/(\text{m}^2 \cdot \text{d})$。

浓缩池设一座，需浓缩污泥面积为 30m^2。

设计尺寸：$\phi \times H=6\text{m} \times 5.5\text{m}$，有效水深 4.7m。

停留时间：$T=30\text{h}$。

10）机房

机房内主要分为风机房、加药间和污泥脱水机房。

污泥机械脱水系统的设计流程为：用污泥螺杆泵从污泥浓缩池把污泥抽到污泥调理罐，加 PAC、PAM 调理后用高压污泥螺杆泵抽到板框压滤机。污泥机械脱水系统的主要设备见表 4-18。

表 4-18　污泥机械脱水系统主要设备一览表

序号	设备名称	规格	单位	数量	备注
1	低压污泥螺杆泵	$Q=15\text{m}^3/\text{h},H=20\text{m},P=3.7\text{kW}$	台	2	1 用 1 备
2	污泥调理罐	$V=10\text{m}^3,P=3.7\text{kW}$	台	1	
3	高压污泥螺杆泵	$Q=15\text{m}^3/\text{h},H=70\text{m},P=3.7\text{kW}$	台	2	1 用 1 备
4	隔膜板框压滤机	$V=2\text{m}^3,P=7.5\text{kW}$	台	1	
5	皮带输送机	$L=9\text{m},P=2.2\text{kW}$	台	1	
6	电动葫芦	$T=1\text{t}$	台	1	

废水站每天的含水率 70% 的污泥产量为 1.2t 左右。

废水处理站主要的投加的药剂为 PAC、PAM；RO 深度处理单元投加的药剂有次氯酸钠、阻垢剂、柠檬酸等。

加药装置的设备清单见表 4-19。

表 4-19　加药装置一览表

序号	设备名称	规格	单位	数量	备注
1	PAM 泡药机	$Q=1\mathrm{m^3/h}, H=20\mathrm{m}, P=2\mathrm{kW}$,配 4 台计量泵	套	2	
2	混凝剂 PAC 投加系统	$V=10\mathrm{m^3}, P=1.5\mathrm{kW}$,配 2 台计量泵	套	1	
3	酸/碱投加系统	$V=10\mathrm{m^3}, P=1.5\mathrm{kW}$,配 2 台计量泵	套	1	
4	污泥调理剂系统				
5	阻垢剂投加系统	$V=1\mathrm{m^3}, P=0.37\mathrm{kW}$	套	1	
6	还原剂投加系统	$V=1\mathrm{m^3}, P=0.37\mathrm{kW}$	套	1	

4.2　印染行业重大水专项形成的关键技术

4.2.1　综合治理技术

4.2.1.1　自絮凝法印染废水预处理技术

（1）技术简介

经过清洁生产的印染行业的排水中，仍含有较高浓度的染料、助剂等。这些物质生物降解性差，毒性大，使印染废水成为典型的较难处理的废水。印染废水的处理工艺大部分采用生化-物化的处理手段，由于生化性差，使印染废水的处理效率得不到保证。尤其是近年来 PVA 浆料、人造丝碱解物（主要是邻苯二甲酸类物质）、新型助剂等难生化降解有机物在印染行业的大量使用，使印染废水的 COD 浓度由原来的数百 mg/L 上升到 1000mg/L 以上，从而进一步增加了生化处理的难度，使印染废水的处理受到严重挑战。在生化处理前，采用投加絮凝剂的方法，可以有效降低印染废水的 COD 浓度，减轻后续处理负担，但是这将大幅增加处理费用。为此，需要研发廉价的印染废水预处理方法，降低有机负荷，减轻后续生化处理的负担。

（2）适用范围

印染工业园区废水集中处理的预处理。

（3）技术就绪度评价等级

TRL-8。

（4）技术指标及参数

1）基本原理

印染废水一般具有较强的碱性，大部分的 pH 值在 11 以上。同时，废水中的各种染料和助剂，除了部分溶解在水中外，相当部分在水中呈胶体状态并带有一定的电荷。不同的生产工序或不同的印染企业排放的印染废水所含的染料不同，所带电荷也各有差别。当各类的印染废水混合时，各类染料（或助剂）的电中和作用可能使染料分子发生絮凝作用，从而获得一定的沉淀效果，实现部分有机物杂质的处理。为此，对于印染园区污水处理，首先应当使各股污水充分混合，以使它们之间发生絮凝作用，大幅降低后续处理负荷，并中和部分碱性。

2）工艺流程

工艺流程如图 4-11 所示。

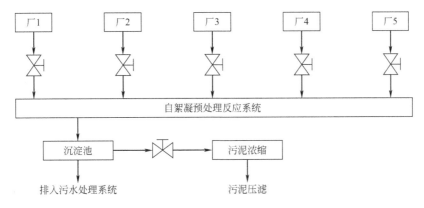

图 4-11 工艺流程示意

各企业排放的废水经管道收集后，统一汇入园区污水处理厂的集水池，之后流入混合搅拌池，采用空气搅拌，将废水充分混合、反应。采用水泵将废水泵入沉淀池，进行预沉淀，经过沉淀后的上清液 pH 大致为中性或弱碱性，可以直接进入生化系统处理。而污泥则由排泥泵抽至污泥浓缩池继续处理。

3）主要技术创新点及经济指标

将印染废水混合后，采用曝气方式或水力回流方式，不投加化学药剂，搅拌反应时间为 20～30min，使其中的各类污染物分子充分反应；反应后的污水抽提到预沉池进行污泥分离，上清液排入后续的生化处理单元继续处理，污泥由污泥泵抽提后进行压滤，沉淀后的水质明显优于进水。结果表明：将各种印染混合废水按照一定比例混合后，将 pH 值调整到 10 左右时，形成了良好的自絮凝作用，沉淀后 COD 去除率平均达到 20.6%。这种方法可以有效降低废水的有机负荷，运行费用低廉。这种预处理方法不仅节约各企业的开支，减轻后续处理负荷，使园区污水处理厂运行保持稳定，而且为污水处理厂提供了方便的管理方式，即可以按照污水量进行计量收费，避免了以浓度为标准造成的计量和收费难题。

拥有三项独立自主知识产权：一种基于射流曝气的退浆废水超滤预处理系统201110431080.2；一种电增强厌氧氨氧化生物脱氮方法 201110266476.6；一种电极-厌氧生物耦合处理含盐废水方法 201110266008.9。

4）工程应用

海城印染工业园区内数十家印染企业的生产废水采用集中处理方式，进入园区污水处理厂的各种污水水质差异大，造成处理难度不一，末端治理难度大。采用自絮凝预处理技术，有效降低进水负荷，依托海城汇通污水处理厂进行工程示范。污水厂日处理印染废水能力为 40000t。该示范工程实现了无絮凝剂投加的 COD 有效消减，COD 去除效率超过 15%，有效降低了后续处理的负荷，提高了排水水质。

4.2.1.2　零价铁强化厌氧还原印染废水处理技术

（1）技术简介

一种新型厌氧与物化相结合的处理技术——零价铁强化厌氧处理技术。

（2）适用范围

适用于印染废水的厌氧生物处理。

（3）技术就绪度评价等级

TRL-8。

（4）技术指标及参数

1）基本原理

印染废水的生化处理一般从厌氧开始，其作用在于厌氧还原脱色和提高可生化性，但是在实际过程中印染废水的厌氧处理效果不佳。零价铁强化厌氧处理技术是将零价铁置于厌氧反应器内，利用零价铁对厌氧还原的增强作用降低氧化还原电位，提高厌氧微生物活性，促进厌氧生物处理中的厌氧产酸和厌氧产甲烷，从而提高有机物处理和脱色效果。

2）工艺流程

工艺流程如图 4-12 所示。

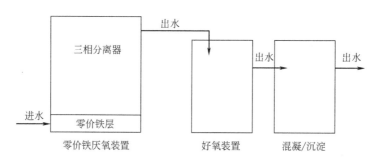

图 4-12　零价铁强化厌氧还原印染废水处理技术路线

一定量的零价铁加入厌氧反应器的中部，利用反应器的内循环使污泥与铁屑充分混合，出水经过好氧后，溶出的铁离子可以起到絮凝剂的作用，在混凝段与胶体反应，进一步提高出水水质。

3）主要技术创新点

① 形成零价铁强化厌氧处理技术。该零价铁强化厌氧反应器中的氧化还原电

位比参比厌氧反应器（无零价铁）低 80～100mV，反应器的出水 pH 值更接近于 7，COD 去除率比参比反应器提高 20%～30%，甲烷产量高于参比反应器 25%～35%；由于零价铁的作用，该反应器具有良好的抗有机负荷、染料负荷，以及水力负荷冲击的能力，在 HRT＝24～36h 时该反应器能够缩短处理时间 12h 左右；温度降低和染料浓度增加对该反应器性能的影响明显小于普通厌氧反应器，在一定范围内变化时，零价铁强化厌氧反应器的出水 COD 浓度、脱色率保持相对稳定；辅以回流或电场的作用，能进一步强化零价铁在厌氧中的作用，在启动期污水处理性能良好，污泥粒径在 80d 后达到 0.5～1mm，此时容积负荷达到 10kg COD/(m³·d)，COD 去除率达到 90% 左右，快速完成污泥颗粒化和反应器的启动。

② 拥有独立自主知识产权：将零价铁置于厌氧反应器内，利用零价铁对厌氧还原的增强作用，实现印染废水的高效脱色和 COD 去除。

4）工程应用

"印染废水处理技术"的示范工程为海城海丰印染工业园区 40000t/d 的印染废水处理工程（即海城汇通污水处理厂）。在建设示范工程前，园区内数十家印染企业的生产废水没有有效处理，排放的废水对太子河造成严重污染。该示范工程示范的关键技术为厌氧-脱硫-好氧-混凝技术。废水在厌氧段达到脱色目的，同时提高可生化性；在进入好氧池之前，经过曝气脱硫，将厌氧产生的硫化氢除去，避免对后续好氧活性污泥的影响；经过好氧后采用混凝处理，进一步脱除水中的残留 COD 和色度，实现达标排放。

建成的海城印染工业园区污水集中处理技术工程示范，目前实际每日运行 20000t，经处理后出水 COD 基本达标排放，出水色度基本在 20～30 倍，年减排 COD 超过 5000t。

4.2.1.3　聚合铝镁高效脱色絮凝剂制备与应用技术

（1）技术简介

在印染废水实际处理工程中，常用厌氧-好氧-絮凝处理工艺。但是，该工艺存在以下问题：

① 结构稳定的染料分子，对厌氧微生物产生抑制；

② 印染废水中含有的硫酸盐，降低厌氧的处理效率，而且厌氧还原后产生的硫化物，抑制后续好氧段污泥活性；

③ 普通絮凝剂对印染废水的脱色和 COD 去除效率不高。

针对以上问题，形成以下关键技术。

① 强化厌氧处理技术：将零价铁置入厌氧反应器内，利用其还原性降低厌氧的 ORP，促进甲烷菌生长，提高废水的 COD 去除效果和脱色率。

② 针对硫酸盐及其还原产物硫化物的危害，主要采用曝气氧化法，厌氧出水首先在适宜的 pH 值下，经氧化除去硫化物，消除其对污泥膨胀的刺激作用。

③ 生化出水投加聚合铝镁复合絮凝剂，进一步压缩双电层，降低表面电位，提高絮凝效果。

（2）适用范围

适用于印染废水的生化后处理。

（3）技术就绪度评价等级

TRL-8。

（4）技术指标及参数

1）基本原理

铁盐和铝盐是常用的无机絮凝剂。研究表明，供筛选絮凝剂脱色能力顺序为：铝盐＞聚铁＞三价铁＞二价铁。镁盐复配后，絮凝剂脱色效能提高。利用当地丰富的镁矿资源，采用热熔-复配二步工艺制备出聚合铝镁复合絮凝剂。该絮凝剂在中性和较宽的碱性条件下有良好的絮凝效果，适合于具有碱性的印染废水的脱色絮凝处理。

2）工艺流程

絮凝剂制备流程如图 4-13 所示。

图 4-13　聚合铝镁高效脱色絮凝剂制备流程

絮凝剂应用流程如图 4-14 所示。

图 4-14　聚合铝镁絮凝剂应用流程

3）主要技术创新点及经济指标

① 技术创新点：利用当地丰富天然资源，制备了一种对碱性印染废水具有很好脱色效果的高效絮凝剂。

② 一项专利：一种采用氧化镁粉复配聚合氯化铝脱色的印染废水处理方法 201110061477.7。

4）工程应用

"印染废水处理技术"的示范工程为海城海丰印染工业园区 40000t/d 的印染废水处理工程（即海城汇通污水处理厂）。海城建有中国北方最大的印染工业园区。在建设示范工程前，园区内数十家印染企业的生产废水没有有效处理，排放的废水对太子河造成严重污染。该示范工程示范的关键技术为厌氧-脱硫-好氧-混凝技术。废水在厌氧段达到脱色目的，同时提高可生化性；在进入好氧池之前，经过曝气脱硫，将厌氧产生的硫化氢除去，避免对后续好氧活性污泥的影响；经过好氧后，采用混凝处理，进一步脱除水中的残留 COD 和色度，实现达标排放，每年削减 COD 超过 5000t。

该示范工程已实现出水水质优于现有絮凝剂聚合氯化铝的处理效果（80mg/L，

30 倍色度）。

4.2.1.4　ABR 厌氧水解废水综合处理技术

（1）技术简介

主要通过高效厌氧折流板反应器（ABR）对印染废水综合处理的一种技术。

（2）适用范围

适用于印染综合废水或以印染为主的工业园区废水处理。

（3）技术就绪度评价等级

TRL-8。

（4）技术指标及参数

1）基本原理

通过高效厌氧折流板反应器（ABR）提高厌氧处理效果和抗冲击负荷能力，改善印染废水可生化性，降解有机物，降低色度。

2）工艺流程

工艺流程为"调节-ABR 厌氧水解-A/O(PACT)-二沉-高效澄清-过滤"。

经调节和匀质后的印染综合废水经泵提升进入 ABR 厌氧水解池进行厌氧水解和色度去除，同时改善废水 BOD/COD 值。厌氧酸化后的废水自流进入 A/O(PACT) 池进行有机物和氮的降解，通过粉末活性炭的投加，改善污泥沉降性能、提高污泥浓度，吸附部分难降解有机物和发色基团。

A/O(PACT) 出水经二沉池泥水分离后进入深度处理系统，高效澄清池进行有机物和 SS、部分色度去除，经高效澄清后最后进行过滤，保证出水水质稳定达标。二沉池和高效澄清池的污泥回流比均为 50%～100%。

3）主要技术创新点及经济指标

采用合理优化的上流式、推流搅拌式和折流式厌氧水解反应器均具有良好的处理性能。厌氧水解反应器对印染废水的 COD、色度均具备良好的处理性能，有效地改善印染废水的可生化性。通过粉末活性炭强化，当进水 TN 浓度较高时适当补加碳源，以提高生化系统对 COD、NH_4^+-N 及 TN 的去除率。本技术操作简便、易于工程实施，可广泛地应用于工业园区污水处理厂的改造工程，使之在不增加用地的条件下，提高了生化系统对有机污染物及 NH_4^+-N、TN 的去除效果。

三项专利：一种新型同心圆折流厌氧水解反应器 201010510958.7；一种复合生物滤池 201010134861.0；一种难降解工业废水深度处理系统及方法 201110077733.1。

4.2.2　深度处理和回用技术

4.2.2.1　高效澄清综合处理技术

（1）技术简介

主要通过高效澄清池对印染废水综合处理的一种技术。

（2）适用范围

适用于印染综合废水或以印染为主的工业园区废水处理。

（3）技术就绪度评价等级

TRL-8。

（4）技术指标及参数

1）基本原理

利用高效澄清-过滤去除废水中的有机物、TP、SS和色度等污染物，确保处理出水达标排放。

2）工艺流程

工艺流程为"调节-ABR厌氧水解-A/O（PACT）-二沉-高效澄清-过滤"。

经调节和均质后的印染综合废水经泵提升进入ABR厌氧水解池进行厌氧水解和色度去除，同时改善废水BOD/COD值。厌氧酸化后的废水自流进入A/O（PACT）池进行有机物和氮的降解，通过粉末活性炭的投加，改善污泥沉降性能、提高污泥浓度，吸附部分难降解有机物和发色基团。

A/O（PACT）出水经二沉池泥水分离后进入深度处理系统，高效澄清池进一步进行有机物、SS和部分色度去除，经高效澄清后进行过滤，保证出水水质稳定达标。

二沉池和高效澄清池的污泥回流比均为50％～100％。

3）主要技术创新点及经济指标

一种复合生物滤池 201010134861.0；一种难降解工业废水深度处理系统及方法 201110077733.1

4）工程应用

常熟市某污水处理有限公司集中处理工业园区工业废水、生活污水及镇区部分生活污水，其中印染废水占接管水量的80％以上。工程设计规模20000m³/d，重大水专项课题研发集成的"折流式厌氧水解-A/O（PACT）-高效澄清-过滤"组合工艺，运用合理优化的上流式、推流搅拌式和折流式厌氧水解反应器。工程运行结果表明，该集成工艺具有处理效果好、投资省、成本低等特点。当进水COD均值为1210.7mg/L，进水色度均值为342倍，BOD/COD值均值为0.19，上流式、推流搅拌式和折流式厌氧水解池出水COD平均去除率均达到60％以上，色度去除率均达到75％以上，BOD/COD值均达到0.4以上。厌氧水解反应器对印染废水的COD、色度均具备良好的处理性能，有效地改善了印染废水的可生化性。通过粉末活性炭强化，当进水TN浓度较高时适当补加碳源，以提高生化系统对COD、NH_4^+-N及TN的去除率。本技术操作简便、易于工程实施，可广泛地应用于工业园区污水处理厂的改造工程，使之在不增加用地的条件下提高了生化系统对有机污染物及NH_4^+-N、TN的去除效果。污泥产生量减少35％～45％，生物脱氮效率提高60％以上。提标改造工程总投资3300余万元，吨水投资低于1700元，直接运行费用约为 1.70 元/m³。该示范工程具有良好的经济性。

4.2.2.2　生化尾水的磁性微球树脂吸附深度处理技术

（1）技术简介

采用化学合成法，成功首创新型磁性强碱阴离子交换树脂制备技术，建立了一条新型磁性强碱阴离子交换树脂生产线，该类型新产品已申请 PCT 专利并同时进入美国等国实审。经测定，其交换容量、机械强度、使用寿命等均优于澳大利亚 Orica 公司生产的国际品牌树脂 MIEX，可见该产品的制备技术及应用性能等均处于世界领先水平。另外，自主生产的磁性可再生树脂吸附剂在生产成本上也具备显著的竞争优势。结合磁性可再生树脂吸附剂制备技术和新型混凝生化尾水深度净化技术等关键技术，建立了 A/O 组合生化、吸附混凝组合净化 2 套中试装置，关键技术成功应用于郑州纺织工业园污水处理厂改造升级示范工程。其中可再生磁性树脂吸附剂，有较好的流体力学性能及反应动力学效能，开发出高效低耗的生化尾水深度净化与回用技术，可以利用现有设施进行简单改造和有效替代。

（2）适用范围

适用于废水量较大的印染工业园区污水处理厂等生化尾水的深度处理。

（3）技术就绪度评价等级

TRL-8。

（4）技术指标及参数

1）基本原理

根据生化尾水中有机污染物的特性，以及水量大、浓度低等特点，开发了磁性微球离子交换树脂的全混式深度处理工艺，利用磁性微球离子交换树脂与生化尾水中水溶性有机污染物的离子交换、氢键等多重作用，实现高效、快速去除。通过树脂动态再生，确保处理过程的连续运行。

2）工艺流程

在反应区中树脂与生化尾水充分接触反应，达到对水体中有机物、总磷等污染物的去除，处理后出水进入沉淀分离区进行自然沉淀实现固液分离；沉淀分离后的树脂大部分回流至反应器中继续运行，小部分送入再生池进行再生处理，再生后的树脂回流至反应器中循环使用。

新型磁性微球吸附材料反应速率快（接触反应时间为 15min 左右）、易再生、易分离。对印染生化尾水 COD、TP、TN、色度等去除率分别可达 40%～70%、40%～70%、15%～30% 和 80%～90%。

3）主要技术创新点及经济指标

① 技术创新点：适于工业废水深度处理的磁性丙烯酸是强碱阴离子交换树脂（NDMP），在合成过程中掺加了三氧化二铁，表面有针形 Fe_2O_3 的特征；同时添加了有机致孔剂，致使其平均粒径较大（6.68nm）；另外，该产品的永磁性较强，

适用于较大分子量污染物的去除。因此，该产品在生化尾水 COD 较高条件下仍能体现优越的深度净化功能。

② 关键技术

a. 磁性微球离子交换树脂的全混式深度处理技术；全混式树脂吸附反应器。

b. 两项专利：一种处理生化尾水树脂脱附液的回收与处置方法 200910034901.1；一种生化尾水吸附法深度处理前的预处理方法 200910032824.6。

4）工程应用及第三方评价

示范工程选取印染等高污染行业相对聚集的郑州纺织产业园作为示范点，以磁性可再生树脂吸附剂为核心的工业园区污水厂生化尾水深度净化技术及装备，对 COD、TN、TP 的去除率可分别达到 50%～60%、30%～45%、40%～55%，且脱色率高达 90% 以上，上述主要指标均可稳定满足《城镇污水处理厂污染物排放标准》(GB 18918—2002) 一级 A 标准要求。工程建立了 1 套 3000t/d 规模的工业废水深度处理与回用示范装置，COD 年削减能力达 200t 以上。该技术每吨水处理费用小于 0.4 元，处理设施占地面积少，吨废水投资建设费用为 300 元，具有处理效果好、处理成本低、建设投资省等优点。相比臭氧活性炭等传统工艺，本技术投资省（相当于常规技术的 1/3）、成本低（相当于常规技术的 1/3），且无污泥排放，适用范围广（印染、造纸、化工等工业废水生化尾水深度处理与回用等），节水减排功效突出。

参 考 文 献

[1] Ou Tong, Shuai Shao, Yun Zhang, et al. An AHP-based water-conservation and waste-reduction indicator system for cleaner production of textile-printing industry in China and technique integration [J]. Clean Technologies and Environmental Policy，2012，14：857-868.

[2] 孙启宏，韩明霞，乔琦，等. 辽河流域重点行业产污强度及节水减排清洁生产潜力 [J]. 环境科学研究，2010，23（7）：869-876.

[3] Jingxin Zhang, Yaobin Zhang, Xie Quan, et al. An anaerobic reactor packed with a pair of Fe-graphite plate electrodes for bioaugmentation of azo dye wastewater treatment [J]. Biochemical Engineering Journal，2012，63：31-37.

[4] Lu Hong, Zhou Jiti, Wang Jing. Enhanced biodecolorization of azo dyes by anthraquinone-2-sulfonate immobilized covalently in polyurethane foam [J]. Bioresource Technology，2010，101（18）：7185-7188.

[5] Zhang Yaobin, Jing Yanwen, Zhang Jingxin, et al. Performance of a ZVI-UASB reactor in treatment of a real azo dye wastewater [J]. Journal of Chemical Technology and Biotechnology，2011，86：199-204.

[6] 刘雄才，张玉，周集体，等. 镁铁复合絮凝剂的表征及应用研究 [J]. 中国环境科学，2009，29（6）：646-650.

[7] 刘伟京，张龙，张双圣，等. 两点进水条件下多种 A^2/O 工艺运行效果初探 [J]. 环境工程学报，2011，5（4）：67-70.

[8] 张双圣，刘汉湖，张龙，等. 厌氧水解-分点进水倒置 A^2/O 处理低含量印染废水研究 [J]. 水处理技术，2011，37（2）：90-93.

[9] 张龙，刘伟京，吴伟，等. 同心圆复合式厌氧水解酸化反应器的中试应用与特性分析 [J]. 土木建筑与

环境工程，2010，32（5）：104-108.

[10] Fu Jie，Xu Zhen，Li Qing-Shan，et al. Treatment of simulated wastewater containing Reactive Red 195 by zero-valent iron/activated carbon combined with microwave discharge electrodeless Lamp/sodium hypochlorite [J]. Journal of Environmental Science，2010，22（4）：512-518.

[11] Zhang Yaobin，Jing Yanwen，Quan Xie，et al. A built-in zero valent iron -anaerobic reactor to enhance treatment of azo dye wastewater [J]. Water Science and Technology，2011，63（4）：741-746.

[12] Liu Yiwen，Zhang Yaobin，Quan Xie，et al. Applying an electric field in a built-in zero valent iron-anaerobic reactor for enhancement of sludge granulation [J]. Water Research，2011，45（3）：1258-2266.

[13] Liu Yiwen，Zhang Yaobin，Quan Xie，et al. Effects of an electric field and zero valent iron on anaerobic treatment of azo dye wastewater and microbial community structures [J]. Bioresource Technology，2011，102：2578-2584.

附录

附录 1 《纺织染整工业废水治理工程技术规范》

(HJ 471—2020)

1 适用范围

本标准规定了纺织染整工业废水治理工程的设计、施工、验收、运行和维护的技术要求。

本标准适用于纺织染整工业废水治理工程的建设与运行管理，可作为纺织染整工业建设项目环境影响评价、可行性研究及其废水治理工程的设计、施工、验收及运行管理的技术依据。

2 规范性引用文件

本标准内容引用了下列文件中的条款。凡是不注日期的引用文件，其有效版本（含修改单）适用于本标准。

GB 4287	纺织染整工业水污染物排放标准
GB 14048	低压开关设备和控制设备
GB 14554	恶臭污染物排放标准
GB 15603	常用危险化学品储存通则
GB 18597	危险废物贮存污染控制标准
GB/T 18920	城市污水再生利用 城市杂用水水质
GB/T 22580	特殊环境条件 高原电气设备技术要求 低压成套开关设备和控制设备
GB/T 25499	城市污水再生利用 绿地灌溉水质
GB 50013	室外给水设计规范
GB 50014	室外排水设计规范
GB 50015	建筑给排水设计规范
GB 50016	建筑设计防火规范

GB 50019	工业建筑供暖通风与空气调节设计规范
GB 50033	建筑采光设计标准
GB 50037	建筑地面设计规范
GB/T 50046	工业建筑防腐蚀设计标准
GB 50052	供配电系统设计规范
GB 50053	20kV 及以下变电所设计规范
GB 50054	低压配电设计规范
GB 50055	通用用电设备配电设计规范
GB 50057	建筑物防雷设计规范
GB 50059	35kV～110kV 变电站设计规范
GB 50187	工业企业平面设计规范
GB 50194	建设工程施工现场供用电安全规范
GB 50204	混凝土结构工程施工质量验收规范
GB 50231	机械设备安装工程施工及验收通用规范
GB 50243	通风与空调工程施工质量验收规范
GB 50335	城镇污水再生利用工程设计规范
GB 50336	建筑中水设计标准
GBJ 22	厂矿道路设计规范
GBZ 1	工业企业设计卫生标准
GBZ 2.1	工作场所有害因素职业接触限值 化学有害因素
GBZ 2.2	工作场所有害因素职业接触限值 物理因素
HJ/T 242	环境保护产品技术要求 污泥脱水用带式压榨过滤机
HJ/T 245	环境保护产品技术要求 悬挂式填料
HJ/T 246	环境保护产品技术要求 悬浮填料
HJ/T 252	环境保护产品技术要求 中、微孔曝气器
HJ/T 283	环境保护产品技术要求 厢式压滤机和板框压滤机
HJ/T 336	环境保护产品技术要求 潜水排污泵
HJ/T 354	水污染源在线监测系统验收技术规范（试行）
HJ 709	建设项目竣工环境保护验收技术规范 纺织染整
HJ 861	排污许可证申请与核发技术规范 纺织印染工业
HJ 879	排污单位自行监测技术指南 纺织印染工业
HJ 990	污染源源强核算技术指南 纺织印染工业
HJ 2007	污水气浮处理工程技术规范
HJ 2016	环境工程 名词术语
HJ 2025	危险废物收集、贮存、运输技术规范
HJ 2047	水解酸化反应器污水处理工程技术规范

《国家危险废物名录》（环境保护部令第 39 号）

《印染行业规范条件》（中华人民共和国工业和信息化部公告 2017 年 37 号）

《排污口规范化整治技术要求（试行）》（环监［1996］470 号）

《印染行业废水污染防治技术政策》（环发［2001］118 号）

《建设项目竣工环境保护验收暂行办法》（国环规环评［2017］4 号）

3 术语和定义

HJ 2016 界定的有关术语和定义及下列术语和定义适用于本标准。

3.1 纺织染整 dyeing and finishing of textile

指对纺织材料（纤维、纱、线及织物）进行以化学处理为主的工艺过程，包括前处理、染色、印花、整理（包括一般整理与功能整理）等工序。

3.2 纺织染整工业废水 dyeing and finishing industry wastewater

指纺织染整生产设施或企业向企业法定边界以外排放的废水，包括与生产、生活有直接或间接关系的各种外排废水。

3.3 综合废水 comprehensive wastewater

指纺织染整企业内部经过分类收集并预处理后排入污水处理厂（站）或混合收集后排入污水处理厂（站）的废水的总称。

3.4 预处理 pretreatment

指对纺织染整排放的各类废水在进入回用水或综合废水处理前，采用的以物理、化学及生物为主的处理方法，预处理后各类废水中污染物浓度应满足回用水或综合废水处理的设计进水要求。

3.5 染整废水回用 reclamation of dyeing and finishing wastewater

指对纺织染整排放的废水进行收集、处理，并实现再利用的过程。

4 污染物与污染负荷

4.1 废水来源及分类

4.1.1 纺织染整工业废水主要包括前处理废水、染色/印花废水、整理废水和其他废水。其产生环节如图 1 所示。

图 1 纺织染整工业典型生产工艺与废水产生环节示意

4.1.2 前处理废水主要分为：

1) 以棉印染为主的前处理废水，主要来源于退浆、煮练、漂白、丝光；

2) 以化纤印染为主的前处理废水，主要来源于除油、精练、碱减量；

　3）以丝绸印染为主的前处理废水，主要来源于煮茧、缫丝、精练；

　4）以麻印染为主的前处理废水，主要来源于脱胶；

　5）以毛纺印染为主的前处理废水，主要来源于洗毛、碳化。

4.1.3　染色/印花废水主要为染色废水或印花废水。

4.1.4　整理废水主要为整理处理产生的洗涤废水。

4.1.5　其他废水主要为生活污水、排放的部分循环冷凝水和地面冲洗水等。

4.2　废水水量

现有企业废水排放量可通过实测确定。新建企业可类比原料、生产工艺、生产设施、管理水平等相近的企业，或根据物料平衡、水平衡来确定废水产生量。新建企业也可按 HJ 990 核算水量。

现有企业初期雨水收集量应根据实际监测情况确定，新（改、扩）建企业初期雨水收集量宜按照环境影响评价审批文件的相关要求或以不少于被污染区域面积上的 15mm 降水量确定。

4.3　废水水质

4.3.1　现有企业废水和初期雨水污染物成分和浓度应以检测数据为准。采样检测时，宜对各个生产工序排放的废水逐一采样，宜逐一检测，或按水量比例混合制样检测。

4.3.2　新（改、扩）建企业废水治理工程，可类比现有同等生产规模和同种生产工艺的产污数据来确定废水水质，或按 HJ 990 核算水质。

4.3.3　当无实测数据及同类企业参考资料时，纺织染整企业的综合废水水质可参考附录 A。

5　总体要求

5.1　一般规定

5.1.1　纺织染整企业应贯彻全过程控制理念，优先采用清洁生产技术，提高资源、能源利用率，减少污染物的产生和排放。

5.1.2　染整废水治理工程技术方案应以企业生产情况及发展规划为依据，贯彻国家产业政策，结合不同地区气候等环境因素，统筹集中与分散、现有与新（扩、改）建的关系，经技术经济论证后确定。

5.1.3　染整废水治理工程建设，应遵循建设项目环境保护管理条例和环境影响评价制度，除应符合本标准规定外，还应遵守国家基本建设程序以及国家、纺织行业有关强制性标准的规定。

5.1.4　纺织染整企业应按照"分类收集、分质处理、分级回用"的原则进行废水的处理及回用。

5.1.5　染整废水治理工程应依据持有的排污许可证规定排放污染物，排放的水质、水量应符合 GB 4287 和地方污染物排放标准的规定以及环境影响评价审批文件的要求。

5.1.6　纺织染整企业应按照《排污口规范化整治技术要求（试行）》、GB 4287 中有关排污口规范化设置的相关规定设置废水排放口，并按要求安装在线监测系统。

5.2　源头控制

5.2.1　纺织染整企业应按照《印染行业规范条件》要求选用先进的工艺与装备，优先采用清洁生产技术，健全企业管理制度，达到规定的能耗和新鲜水耗的要求，减少污染物的产生和排放。

5.2.2　纺织染整企业宜完善冷却水、冷凝水回收装置，对丝光工艺配备淡碱回收装置，鼓励采用逆流漂洗工艺，水重复利用率达到 40％以上。

5.2.3　纺织染整企业宜选择采用可生物降解（或易回收）浆料的坯布，使用生态环保型、高上染率染料和高性能助剂。

5.3　建设规模

5.3.1　建设规模应以废水量为依据，并考虑生产波动导致的废水量增加，一般可按废水量的 1.2～1.3 倍作为最大水量进行设计建设。

5.3.2　染整废水治理工程各处理系统的建设规模除应满足相关设计要求外，还应符合下列要求：

1）调节池前的废水处理构筑物按最大日最大时流量计算；

2）调节池及其后废水处理构筑物按最大日平均流量计算；

3）污泥处理与处置系统按平均日流量计算；

4）回用水处理系统根据回用水的水量确定，回用水处理规模宜根据回用水用量的 1.1～1.5 倍进行设计建设。

5.4　工程选址与总体布置

5.4.1　染整废水治理工程选址和总体布置应符合 GB 50014 和 GB 50187 的相关规定。

5.4.2　废水治理工程总体布置应根据处理单元的功能和处理流程要求，结合地形、地质条件等因素，经技术经济分析确定，并应便于施工、维护和管理。

5.4.3　总平面布置宜按工艺流程、处理功能等合理分区，可分为预处理区、综合处理区、回用处理区、污泥处理区、化学药品存储区和办公区等。

5.4.4　处理单元平面布置应力求紧凑、合理，满足施工、设备安装、各类管线连接简捷、维修管理方便的要求。

5.4.5　处理单元的竖向设计应充分利用原有地形和高差，尽可能做到土方平衡，采用重力自流，减少污水提升次数以降低能耗。

5.5　工程构成

5.5.1　染整废水治理工程的工程项目由主体工程、辅助工程和配套设施构成。

5.5.2　主体工程包括废水收集调节、预处理、物化处理、生化处理、深度处理、回用水处理、污泥处理、二次污染治理等的设施及建（构）筑物。

5.5.3　辅助工程包括电气自动化、水质在线监测、给排水、消防、采暖通风与空调等设施。

5.5.4　配套设施包括控制室、值班室和化验室等。

6　工艺设计

6.1　一般规定

6.1.1　在工艺设计前，应对废水的水质、水量及变化规律进行全面调查，并进行必要的工艺试验。

6.1.2　应根据废水的水质特征、排放标准、回用要求等因素，积极采用先进、适用的新技术、新工艺、新材料、新设备，进行技术经济比较后确定合适的工艺路线。

6.1.3　对于纺织染整生产过程产生的部分高浓度有机废水或含特殊污染物的废水，应单独收集并预处理，确保其预处理后水质不影响综合废水处理系统的正常运行。

6.1.4　纺织染整综合废水处理宜采用生化处理与物化处理相结合的组合处理工艺，对于排放要求高或有回用要求的场合，应进一步采取深度处理或回用处理，达到相应的出水水质要求。

6.1.5　含六价铬的纺织染整废水应在生产车间或生产设施排放口收集处理，废水中六价铬达到 GB 4287 的排放限值后排入综合废水收集管网。

6.1.6　废水处理过程中应尽可能选择二次污染小的药剂，并提高利用率，减少药剂的投加量。

6.1.7　废水治理工程应设置应急事故池，应急事故池的容积应综合考虑发生事故时的最大排水量、消防水量及可能进入应急事故池的降雨量。事故水应检测分类后进入相应处理设施。

6.2　工艺选择

6.2.1　应根据污染物来源及性质、现行国家和地方有关排放标准、回用要求等确定废水处理目标，选择相应的处理工艺，一般工艺流程示意如图 2 所示。

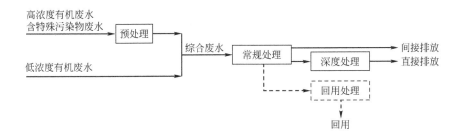

图 2　染整废水处理工艺流程示意

6.2.2　综合废水经常规处理后达到间接排放要求，经常规处理和深度处理后达到直接排放要求。

6.2.3　根据回用水质和水量要求，可将清污分流后的低浓度有机废水经处理后直接回用，或者综合废水经常规处理并结合回用处理后回用。

6.3　预处理工艺

6.3.1　纺织染整生产中产生的高浓度有机废水，宜采用如下预处理工艺：

1）洗毛废水：离心回收羊毛脂；

2）麻脱胶废水：厌氧处理等工艺；

3）涤纶碱减量废水：碱回收并酸析回收对苯二甲酸；

4）退浆精练废水：厌氧、化学氧化、铁碳微电解；

5）蜡染洗蜡废水：酸析、气浮回收松香；

6）PVA 退浆废水：热超滤浓缩或盐析凝胶法等回收 PVA。

6.3.2　纺织染整生产中产生的含特殊污染物废水，宜采用如下预处理工艺：

1）高氨氮印花废水：汽提、吹脱等；

2）炭化酸性废水：酸碱中和；

3）丝光废水：碱液浓度高于 40g/L 的，宜设置碱回收装置；碱液浓度低于 40g/L 的，宜采取套用或综合利用措施；

4）含铬染整废水：化学还原、化学沉淀；

5）含锑染整废水：聚合硫酸铁混凝剂混凝。

6.4　综合废水常规处理工艺

6.4.1　各类染整综合废水常规处理工艺宜采用以生物处理为主、物化处理为辅的工艺技术。

1）机织棉及棉混纺染整综合废水常规处理宜采用前物化＋生化＋后物化的组合工艺，工艺流程如图 3 所示。

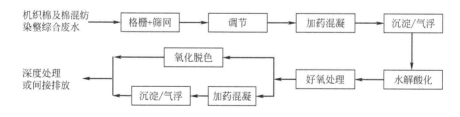

图 3　机织棉及棉混纺染整综合废水常规处理工艺流程

2）针织棉及棉混纺染整、麻染整以及化纤染整的综合废水水质情况类似，其常规处理宜采用生化＋物化的组合工艺，工艺流程如图 4 所示。

3）毛染整综合废水常规处理宜采用物化＋生化的组合工艺，工艺流程如图 5 所示。

4）丝绸染整综合废水常规处理宜采用生物处理工艺，工艺流程如图 6 所示。

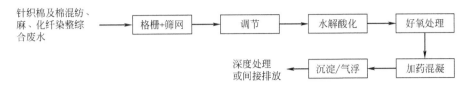

图 4　针织棉及棉混纺染整、麻染整以及化纤染整的综合废水常规处理工艺流程

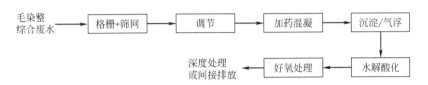

图 5　毛染整综合废水常规处理工艺流程

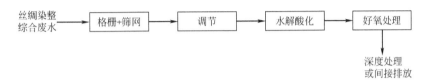

图 6　丝绸染整综合废水常规处理工艺流程

5）印花或蜡染综合废水常规处理宜采用物化＋生物脱氮组合工艺，工艺流程如图 7 所示。

图 7　印花或蜡染综合废水常规处理工艺流程

6.4.2　综合废水常规处理工艺要求和技术参数

6.4.2.1　格栅和筛网

6.4.2.1.1　格栅栅距宜选用 3～10mm 规格格栅至少一道，泵前格栅应根据水泵要求确定。

6.4.2.1.2　短绒、短纤维较多时，在调节池进口应采用具有清洗功能的滤网设备，筛网空隙宜为 10～20 目。

6.4.2.2　调节

6.4.2.2.1　调节池宜设计为封闭式，应有通排风设施。

6.4.2.2.2　调节池的有效容积应根据废水排放规律、水质水量变化、生产班次等因素，依据水量变化累计曲线，采用图解法确定，在无确切数据时，宜按水力停留时间为 8～16h 水量设计。

6.4.2.2.3　当调节池采用空气搅拌时，每 100m³ 有效池容的气量宜按 1.0～

1.5m³/min 设计；当采用射流搅拌时，功率应不小于 10W/m³；当采用液下（潜水）搅拌器时，设计流速宜采用 0.15～0.35m/s。

6.4.2.2.4   调节池设置提升泵液位自动启闭以及液位报警装置。

6.4.2.2.5   调节池前设有集水井的，集水井的有效容积宜按最大一台集水井提升泵的 10～30min 出水量设计。

6.4.2.2.6   当废水 pH 值小于 6 或大于 9 时，宜设置 pH 值调整池。

6.4.2.2.7   pH 值调整池宜分成粗调和微调两部分，每部分停留时间宜按 20～30min 设计，可采用水力搅拌、机械搅拌或空气搅拌。

6.4.2.2.8   采用生化处理的综合废水处理系统，当好氧生物处理系统温度大于 35℃时，调节池提升泵之后应设置降温冷却装置。

6.4.2.3   混凝

6.4.2.3.1   混凝剂和助凝剂的选择和加药量应根据混凝试验或参照同类已建工程的运行情况确定。

6.4.2.3.2   采用混凝沉淀工艺时，混合段速度梯度 G 值 300～500s^{-1}，混合时间 30～120s；絮凝段速度梯度 G 值 30～60s^{-1}，G 值及反应流速应逐渐由大到小，絮凝时间 20～30min。

6.4.2.4   沉淀/气浮

6.4.2.4.1   沉淀池表面水力负荷宜为 0.8～1.0m³/（m²·h），分离时间 1.5～3.0h。

6.4.2.4.2   气浮系统的设计应参照 HJ 2007 的有关规定。

6.4.2.5   水解酸化

6.4.2.5.1   水解酸化有效容积负荷宜按 0.7～1.5kgCOD$_{Cr}$/（m³·d）设计，反应器设计可参考 HJ 2047 相关规定。

6.4.2.5.2   根据主要污染物浓度和成分确定水解酸化容积负荷时，停留时间应根据难降解污染物性质和浓度确定。对于牛仔水洗废水，停留时间不小于 12h；对于丝绸、毛、针织染整废水，停留时间不小于 16h；对于较高浓度的棉及涤纶染整废水，停留时间不小于 24h。

6.4.2.6   好氧生物处理

6.4.2.6.1   好氧生物处理包括活性污泥法和生物膜法。生物膜处理工艺宜采用生物接触氧化法。需要脱氮时，宜采用前置反硝化（A/O）生物脱氮处理工艺、序批式活性污泥法（SBR）及其改良工艺技术或氧化沟技术。

6.4.2.6.2   采用活性污泥法时，污泥负荷宜按 0.30～0.50kgCOD$_{Cr}$/（kgMLSS·d）设计；采用生物接触氧化法时，容积负荷宜按 0.4～0.8kgBOD$_5$/[m³（填料）·d]设计，并按废水停留时间进行校核。

6.4.2.6.3   需氧量宜按照水解酸化出水的五日生化需氧量计算，并按照气水比（15∶1）～（30∶1）校核。

6.4.2.6.4　活性污泥法污泥回流比一般为 $60\%\sim100\%$，保证生化池中污泥浓度在 $3\sim5g/L$。采用前置反硝化工艺时，内循环回流比宜根据脱氮效率确定，宜为 $200\%\sim400\%$。当采用多级 A/O 脱氮工艺时，设置级数及各级进水比例应根据脱氮要求确定。

6.4.2.6.5　二沉池宜按表面负荷 $0.5\sim0.7m^3/(m^2\cdot h)$，污泥固体负荷 $60\sim150kg/(m^2\cdot d)$，沉淀时间 $2\sim4h$ 设计。

6.4.2.7　氧化脱色

6.4.2.7.1　综合废水处理宜设置脱色设施，通常采取氧化脱色，宜采用二氧化氯或臭氧脱色，谨慎使用可能导致二次污染的氯及次氯酸钠作为氧化脱色药剂。

6.4.2.7.2　脱色工艺和有关构筑物的设计参数宜通过试验或同类企业调研作为参考。

6.4.2.8　主要处理单元废水处理效率应通过试验或同类企业类比资料确定，当无资料时各处理系统污染物去除率可参考附录 B。

6.5　深度处理及回用处理工艺

6.5.1　深度处理或回用处理工艺及技术参数宜根据来水水质、排放标准或回用要求，通过工艺试验，经技术经济比较后确定。深度处理或回用处理工艺选择宜结合常规处理单元统筹考虑。

6.5.2　常规处理后的深度处理或回用处理工艺一般可采用混凝沉淀（或气浮）法、化学氧化法、膜分离法、膜生物反应器（MBR）、曝气生物滤池法、生物活性炭法、过滤法、吸附法等工艺中的一种或几种工艺组合。具体工艺包括：

1）对于化学氧化工艺，可选用臭氧、臭氧/紫外、双氧水、双氧水/紫外、芬顿或类芬顿氧化工艺，氧化反应时间 $2\sim4h$。

2）对于吸附工艺，可选用颗粒活性炭或粉末活性炭。

3）对于过滤工艺，可选用滤池或机械纤维转盘过滤器。

6.5.3　对于膜分离后产生的高盐尾水，可采用浓缩、蒸发等固化方法。

6.6　回用水系统

6.6.1　一般规定

6.6.1.1　回用水系统设计时，宜遵循"分类收集、分质处理、分级回用"原则，将低浓度有机废水或综合废水处理后的出水作为回用水的原水。

6.6.1.2　回用水的回用途径应以生产用水为主，非生产用水为辅。

6.6.1.3　回用水用于生产用水时，可直接使用，也可掺一定比例新鲜水使用，若纺织染整企业具有自备工业用水处理设施的，回用水亦可作为工业用水处理设施的水源水。回用水使用前宜先进行生产试验，保证相应的产品质量指标满足要求。

6.6.2　水质要求

6.6.2.1　回用水直接用作漂洗生产用水时，其水质应符合漂洗生产用水水质要求。纺织染整企业无特殊要求时，可参照附录 C 中表 C.1 确定水质。

6.6.2.2 回用水直接用作染色/印花生产用水时，其水质应符合染整生产用水水质要求。纺织染整企业无特殊要求时，可参照附录 C 中表 C.2 确定水质。

6.6.2.3 回用水用作厂区冲洗地面、冲厕、冲洗车辆、绿化、建筑施工等时，其水质应符合 GB/T 18920、GB/T 25499 的规定。

6.6.2.4 回用水同时作多种用途时，其水质宜按最高水质标准确定。

6.6.3 回用水系统

6.6.3.1 回用水系统包括原水系统、回用水处理系统和回用水循环供水系统。

6.6.3.2 回用水系统应设置原水池，回用水系统连续运行时，原水池的调节容积应按日处理水量的 20%～30% 计算；回用水系统间歇运行时，原水池的调节容积宜按工艺运行周期计算。

6.6.3.3 根据原水水质和回用水要求，回用水处理工艺可选用 6.5 的工艺及其组合。

6.6.3.4 回用水系统工艺设计可参照 GB 50335 的相关规定。

6.6.3.5 回用水系统宜设置清水储存池。清水储存池的调节容积应根据回用水处理量、回用水量及其逐时变化设计。

6.7 污泥处理

6.7.1 污泥产生量可根据工艺条件计算，也可参照同类企业确定。

6.7.2 生化污泥产生量应根据废水水量、有机物浓度、污泥产率系数计算，物化污泥产生量根据废水水量、悬浮物浓度、药品投加量、污染物的去除率等进行计算，具体计算方法参照 GB 50014 执行。

6.7.3 污泥浓缩可采用重力浓缩、机械浓缩或气浮浓缩工艺。当采用重力浓缩时，污泥固体负荷宜采用 20～40kg/(m²·d)，浓缩时间宜按 16～24h 设计，浓缩后污泥含水率应不大于 98%。当采用机械浓缩时，应根据设备供应商提供的资料和同类企业运行数据经试验和技术经济分析后确定。

6.7.4 污泥脱水前宜根据污泥特性、脱水机械情况进行加药调理。药剂种类宜根据污泥性质和干污泥的处理方式选用，投加量通过试验或参照同类型污泥脱水的数据确定。

6.7.5 污泥脱水机类型宜根据污泥性质、污泥产量、脱水要求等，经技术经济比较后确定。脱水污泥含水率应满足处置要求。

6.7.6 应设置脱水污泥堆场。污泥堆场的大小按污泥产量、运输条件等确定。污泥堆场地面和四周应有防渗、防漏、防雨水等措施。

6.7.7 根据需要选择脱水污泥干化设备，热源宜为蒸汽，干化后污泥含水率宜降低至 30%～40%。污泥干化设备宜密闭保温，并具有废气收集处理系统，污泥干化冷凝水应排入综合废水调节池或集水井。

6.7.8 对污泥浓缩过程中产生的清液、脱水过程中产生的滤液以及堆放产生的渗出液均应设置收集管线，回流至综合废水调节池或集水井。

6.7.9　污泥的最终处置主要包括综合利用、焚烧和填埋等途径，纺织染整企业应优先考虑综合利用，源头减量。污泥处置应符合国家相关法律法规和标准要求。

6.8　二次污染防治

6.8.1　一般规定

6.8.1.1　建设和运行过程中产生的恶臭、固体废物、噪声等二次污染物的防治应执行国家和地方现行环境保护法规和标准的规定。

6.8.1.2　废水治理工程应设置存放材料、药剂、污泥、废渣等的场所，不得露天堆放，污泥和废渣贮存场应进行防渗、防雨及防溢处理。

6.8.1.3　列入《国家危险废物名录》的危险废物或经鉴定的危险废物，应按照 GB 18597、HJ 2025 等有关规定贮存和处置。

6.8.2　恶臭治理

6.8.2.1　集水池、调节池、水解酸化池、污泥储池、污泥脱水处理间等场所应设置臭气收集设备并集中进行除臭处理。

6.8.2.2　废水处理构筑物的臭气风量宜根据构筑物的种类、散发臭气的水面面积、臭气空间体积等因素综合确定；除臭系统宜与通风换气系统分开，难以分开时，对于人员需要经常进出的处理建（构）筑物，抽气量宜按换气次数不少于 6 次/h 设计，当人员短时间进入且换气次数难以满足时，需要考虑人员进出时的临时强制通风措施。

6.8.2.3　废水治理设施臭气控制系统宜由臭气源加罩、臭气收集、臭气处理和处理后排放等部分组成。

6.8.2.4　除臭工艺宜采用物理、化学和生物法相结合的组合技术，常用的除臭工艺包括吸附、吸收、催化氧化、低温等离子除臭、生物洗涤或生物过滤等。在确保满足排放要求的情况下，也可采取喷洒植物提取液等缓解措施。

6.8.2.5　臭气处理设施排放的恶臭污染物应符合 GB 14554 相关规定。

6.8.2.6　臭气处理装置的平面布置宜尽可能靠近臭气风量较大的构筑物，装置数量根据臭气风量、臭气源位置、装置排放口与敏感设施位置、运行管理等因素综合比较确定，当散发臭气构筑物布置分散时，可采用分区处理。

6.8.3　噪声污染防治

6.8.3.1　设备房应具有良好的隔声或吸声设计，确保厂界环境噪声达标。

6.8.3.2　机械设备的安装宜考虑减振、隔声、消声等噪声和振动控制措施；高噪声发生源，如鼓风机和水泵等应专门配备隔声、消声装置。

7　主要工艺设备与材料

7.1　一般规定

7.1.1　设备和材料选择应考虑节能、环保、安全可靠、耐腐蚀及使用寿命。

7.1.2 所选设备应满足防火、防爆、防潮及防尘等安全需要。

7.2 格栅

7.2.1 宜采用具有自动清洗功能的机械格栅。

7.2.2 机械格栅应有便于维修时起吊的设施以及出渣平台和栏杆等安全设施。

7.3 水泵

7.3.1 应根据所提升污水的流量、性质和所需扬程来选择污水泵的型号和台数。

7.3.2 应尽量选择相同类型和口径的水泵,以便维修,但还应满足低流量时的需求。

7.3.3 水泵宜设置适量的备用泵,备用泵宜按1用1备或2用1备配置。

7.3.4 潜水排污泵应符合HJ/T 336的规定。

7.4 加药混凝反应装置

7.4.1 混凝剂与废水的混合与反应,宜采用机械搅拌或水力搅拌。

7.4.2 加药装置应实现自动化运行控制。

7.5 鼓风机

7.5.1 鼓风机应选用低噪声、高效低耗产品,出口风压应稳定,宜选用罗茨鼓风机。

7.5.2 鼓风机的供气量、供气压力及所配电机功率应满足废水处理系统生物反应需氧要求、物化池空气搅拌等气量要求。生化供氧和物化搅拌的鼓风机宜分开配置。

7.5.3 鼓风机应设置备用。当鼓风机少于4台时,宜设1台备用;当鼓风机不少于4台时,宜设2台备用。

7.6 曝气设备

7.6.1 应选用氧利用系数高、混合效果好、质量可靠、阻力损失小、容易安装维修的产品。

7.6.2 鼓风曝气器应符合HJ/T 252的规定。

7.7 填料

7.7.1 悬挂式填料应符合HJ/T 245的规定。

7.7.2 悬浮填料应符合HJ/T 246的规定。

7.8 污泥脱水机

7.8.1 污泥脱水机的台数应根据所处理的最大干污泥量确定,应不少于2台。

7.8.2 污泥脱水用厢式压滤机和板框压滤机应符合HJ/T 283的规定。污泥脱水用带式压榨过滤机应符合HJ/T 242的规定。

7.8.3 其他类型污泥脱水机应符合相关规定。

8　检测与过程控制

8.1　一般规定

8.1.1　纺织染整废水治理工程宜设置化验室，并配置相应的检测仪器和设备。

8.1.2　应根据处理工艺和管理要求设置水量计量、水位观察、水质检测、药品计量等仪器、仪表。

8.1.3　应设有废水处理自动控制系统，仪表和自控系统应具备防腐、防结垢、自清洗等功能。

8.2　检测

8.2.1　应对废水治理工程主要参数进行定期检测，对重点控制指标实现在线检测。

8.2.2　用于为废水治理工程实现闭环控制和性能考核提供数据的在线检测装置，其检测点分别设在受控单元内或进、出口处，采样频次和检测项目应根据工艺控制要求确定。

8.2.3　水解酸化处理单元宜检测废水进出口的 pH 值、温度、氧化还原电位、COD_{Cr}、BOD_5、挥发性脂肪酸（VFA）以及反应器内的碱度、污泥性状和污泥浓度等指标；好氧生物处理单元宜检测废水进出口的 pH 值、温度、氨氮、总氮、总磷、COD_{Cr}、BOD_5 以及反应器内的溶解氧、污泥性状和污泥浓度等指标。

8.2.4　废水流量、溶解氧、pH 值、温度、水位、氧化还原电位以及 COD_{Cr} 等指标宜实现在线检测。

8.3　过程控制

8.3.1　有条件的企业，在染整废水治理工程中建议设置中控室，采用集中管理监视或分散控制的计算机控制系统，按要求配备完善的治污设施运行中控系统和在线自动监测装置。

8.3.2　加药系统宜根据工艺设定参数自动控制加药量。

8.3.3　废水处理站应根据工艺要求，在调节池、应急事故水池、清水池等水池设置液位控制仪，并满足自动及手动控制泵启停的要求。

9　主要辅助工程

9.1　建筑与结构

9.1.1　厂房建筑设计、防腐、采光和结构应符合 GB 50033、GB 50037、GB/T 50046 等标准的规定。

9.1.2　可根据不同地区气候条件的差异采用不同的结构形式，严寒地区的建筑结构应采取防冻措施。

9.1.3　废水处理构筑物应设排空设施，排出的水应经收集后返回调节池进入处理系统。

9.1.4 开放式地下构筑物、地上构筑物均应设置护栏，栏杆高度不宜小于1.2m，且应设置挡脚板。

9.2 电气

9.2.1 废水治理工程电气专业的技术要求应与生产过程中的技术要求一致，工作电源的引接和操作室设置应与生产过程统筹考虑，高、低电压等级及用电中性点接地方式应与生产设备一致。

9.2.2 独立处理厂（站）供电宜按二级负荷设计，染整厂内处理厂（站）供电等级，应与生产车间相等。

9.2.3 变电站设计应符合 GB 50053 和 GB 50059 的规定。

9.2.4 供配电设计符合 GB 50052、GB 50054、GB 50055、GB 50057 的相关规定。

9.2.5 施工现场供用电安全应符合 GB 50194 的规定。

9.2.6 成套设备配套供应的控制器、配电屏除应满足环境条件要求外，还应满足 GB 14048 和 GB/T 22580 相关规定的要求。

9.3 空调与暖通

9.3.1 地下建（构）筑物以及配药间、污泥脱水间等产生有害气体的工艺车间应设置通风设施。

9.3.2 废水治理工程采暖系统设计应与生产系统统一规划，热源宜由厂区供热系统提供。

9.3.3 废水治理工程建筑物内应有采暖通风与空气调节系统，并应符合 GB 50019、GB 50243 等的规定。

9.4 给排水与消防

9.4.1 废水治理工程给排水和消防系统应与生产系统统筹考虑，给水、排水设计应符合 GB 50013、GB 50014 和 GB 50015 等规范。

9.4.2 废水治理工程排水一般宜采用重力流排放。

9.4.3 废水治理工程消防设计、火灾危险类别、耐火等级及消防系统的设置应符合 GB 50016 等规定。

9.4.4 回用水输配系统应独立设置，并应根据使用要求安装计量装置。

9.5 道路与绿化

9.5.1 废水治理工程内道路设计应符合 GBJ 22 的有关规定。

9.5.2 废水治理工程厂区的绿化面积可根据实际情况确定。

10 劳动安全与职业卫生

10.1 劳动安全

10.1.1 纺织染整废水治理工程在施工、运行过程中应加强劳动安全管理，应建立并严格执行安全检查制度，及时消除事故隐患，防止事故发生。

10.1.2　处理构筑物周边应设置防护栏杆、走道板防滑梯等安全设施，栏杆高度和强度应符合国家有关劳动安全卫生规定，高架处理构筑物应设置避雷设施。

10.1.3　存放有害物质的构筑物应有良好的通风设施和阻隔防护设施。有害或危险化学品的贮存应符合 GB 15603 相关规定的要求。

10.1.4　地下构筑物应有清理、维修工作时的安全防护措施。主要通道处应设置安全应急灯。在设备安装和检修时应有相应的保护设施。

10.1.5　所有电气设备的金属外壳均应采取接地或接零保护，钢结构、排气管、排风管和铁栏杆等金属物应采用等电位连接。

10.1.6　各种机械设备裸露的传动部分或运动部分应设置防护罩或防护栏杆，并保持周围有一定的操作活动空间，以免发生机械伤害事故。

10.1.7　人员进入有限空间作业时，应当严格遵守"先通风、再检测、后作业"的原则。未经通风和检测合格，任何人员不得进入有限空间作业。

10.1.8　危险部分应有安全警告标志，并配置必要的消防、安全、报警与简单救护等设施。

10.2　职业卫生

10.2.1　废水治理工程职业卫生应符合 GBZ 1、GBZ 2.1、GBZ 2.2 等标准的规定。

10.2.2　应加强作业场所的职业卫生防护，设置防尘、防毒、隔声、减震、防暑措施。

10.2.3　应向操作人员提供必要的防护用品，配备浴室和更衣室等卫生设施。

10.2.4　职工在加药间、污泥脱水间、风机房等高粉尘、有异味、高噪声的环境下应佩戴必要的劳动保护用具。

11　施工与验收

11.1　一般规定

11.1.1　工程设计和施工单位应具有国家相应工程设计和施工资质。

11.1.2　施工前应进行施工组织设计或编制施工方案，明确施工质量负责人和施工安全负责人，经批准后方可实施。

11.1.3　应按工程设计图纸、技术文件、设备图纸等组织工程施工。工程的变更应取得设计单位的设计变更文件后再实施。

11.1.4　施工过程中，应做好材料设备、隐蔽工程和分项工程等中间环节的质量验收；隐蔽工程应经过中间验收合格后方可进行下一道施工工序。

11.2　工程施工

11.2.1　土建施工

11.2.1.1　施工前应认真阅读设计图纸，了解结构型式、基础（或地基处理）方案、池体抗浮措施以及设备安装对土建的要求，土建施工应事先预留、预埋，设备基础应严格控制在设备要求的误差范围内。

11.2.1.2   应重点控制池体的抗浮处理、地基处理、池体抗渗处理,满足设备安装对土建施工的要求。

11.2.1.3   施工过程中加强建筑材料和施工工艺的控制,杜绝出现裂缝和渗漏。

11.2.1.4   模板、钢筋、混凝土分项工程应严格执行 GB 50204 规定。

11.2.2   设备安装

11.2.2.1   设备基础应按照设备说明书、技术文件要求和图纸规定浇筑。

11.2.2.2   混凝土基础应平整坚实,并有隔振措施。

11.2.2.3   预埋件水平度及平整度应符合 GB 50231 的规定。

11.2.2.4   地脚螺栓应按照原机出厂说明书的要求预埋,位置应准确,安装应稳定。

11.2.2.5   安装好的机械应严格符合外形尺寸的公称允许偏差。

11.2.2.6   设备安装完成后应根据需要进行手动盘车、无负荷调试和有负荷调试,重要设备首次启动应有制造商代表在场。

11.2.2.7   各种机电设备安装后应进行调试。调试应符合 GB 50231 的规定。

11.2.2.8   压力管道、阀门安装后应进行试压试验,外观检查应 24h 无漏水现象。空气管道应做气密性试验,24h 压力降不超过允许值为合格。

11.3   验收

11.3.1   纺织染整废水处理工程竣工验收程序和内容按《建设项目竣工环境保护验收暂行办法》、HJ 709 和本标准的相关规定进行。

11.3.2   水污染源在线监测系统验收应符合 HJ/T 354 的规定。

12   运行与维护

12.1   一般规定

12.1.1   废水处理工程运行和维护应符合国家有关法律、法规的规定。

12.1.2   由于紧急事故造成设施停止运行时,应立即报告当地环境保护行政主管部门。

12.1.3   废水处理工程应按规定配备环境保护专职技术人员、运行和维护人员。

12.1.4   废水处理工程应建立健全规章制度、自行监测制度、岗位操作规程和质量管理等制度。

12.1.5   废水处理工程的运行记录和水质检测报告的原始记录应妥善保存。

12.2   人员与运行管理

12.2.1   废水处理设施的运行人员应经过岗位安全培训和技能培训,通过考核后上岗,并应定期进行岗位培训;应熟悉废水处理的整体工艺、相关技术条件和设施、运行操作的基本要求，能够正确处置运行过程中出现的各种故障与技术问题。

12.2.2 废水处理设施的运行人员应严格按照操作规程要求，运行、维护和管理废水处理设施，检查并记录废水处理构筑物、设备、电器和仪表的运行状况。

12.2.3 当发现废水处理设施运行不正常或处理效果出现较大波动，不能满足排放要求时，应及时采取措施进行调整。

12.2.4 应根据处理工艺特点与污染物特性，制定出生产事故、废水污染物负荷突变、恶劣天气等突发情况下的应急预案，配备相应的物资，并进行应急演练。

12.3 排放监测

12.3.1 纺织染整企业应根据 HJ 861、HJ 879 自行进行水污染物排放监测和数据记录。

12.3.2 纺织染整企业应根据 GB 4287、HJ 861 和 HJ 879 确定排放口的监测因子、监测频次、监测技术手段和监测设施。

12.3.3 纺织染整企业应满足环境影响评价文件和有权核发排污许可证的地方环境保护主管部门的监测要求。

12.4 维护保养

12.4.1 废水处理设施应在满足设计工况的条件下运行，并根据工艺要求定期对各类工艺、电气、自控设备仪表及构筑物进行检查和维护。

12.4.2 废水处理装置的维护保养应纳入全厂的维护保养计划中，使废水治理装置的计划检修时间与相关工艺设施同步。

12.4.3 泵类、曝气装置、加药装置等宜储备核心部件和易损部件。

12.5 应急措施

12.5.1 纺织染整废水治理设施的运营管理部门应编制事故应急预案，其中应包括环保应急预案。应急预案应包括应急预警、应急响应、应急指挥、应急处置等方面的内容，并配备足够的人力及应急设备和物资等。

12.5.2 废水治理工程发生异常情况或重大事故时，应及时启动应急预案，并向有关部门报告。

12.5.3 废水治理工程可设置单独的应急事故池，亦可与纺织染整企业的综合事故应急池合建。

12.5.4 生产事故或废水治理设施非正常运行的生产废水、消防排水及事故期间的降雨应排入应急事故池。

附录 A

（资料性附录）

各类纺织染整废水水质参考表

表 A.1～表 A.8 给出了各类纺织染整废水水质的参考数据范围。

表 A.1　机织棉及棉混纺织物染整废水水质

产品种类	pH 值	色度/倍	五日生化需氧量 /(mg/L)	化学需氧量 /(mg/L)	悬浮物 /(mg/L)
纯棉染色、印花产品	10.0～12.0	400～800	300～500	1500～3000	200～500
棉混纺染色、印花产品	9.5～12.0	400～800	300～500	1500～3000	200～500

表 A.2　针织棉及棉混纺织物染整废水水质

产品种类	pH 值	色度/倍	五日生化需氧量 /(mg/L)	化学需氧量 /(mg/L)	悬浮物 /(mg/L)
纯棉产品	9.0～11.5	200～500	200～350	500～1000	150～300
涤棉产品	8.5～10.5	200～500	200～450	500～1000	150～300
棉为主少量腈纶	9.0～11.0	200～400	150～300	400～950	150～300

表 A.3　毛纺织染整废水水质

废水类型	pH 值	色度/倍	五日生化需氧量 /(mg/L)	化学需氧量 /(mg/L)	悬浮物 /(mg/L)
洗毛	10.0～12.0	—	6000～12000	15000～30000	8000～12000
炭化后中和	5.0～6.0	—	80～150	300～500	1250～4800
毛粗纺染色	6.0～7.0	100～200	150～300	500～1000	200～500
毛精纺染色	6.0～7.0	50～80	80～180	350～600	80～300
绒线染色	6.0～7.0	100～200	70～120	300～450	100～300

表 A.4　缫丝废水水质

废水类型	pH 值	五日生化需氧量 /(mg/L)	化学需氧量 /(mg/L)	氨氮 /(mg/L)	悬浮物 /(mg/L)
滞头废水	9.0	4000～4500	8000～10000	100～120	120
缫丝(含煮茧、缫丝、复摇)废水	7.0～8.5	150～200	200～300	—	40

表 A.5　绢纺精练废水水质

废水类型	pH 值	五日生化需氧量 /(mg/L)	化学需氧量 /(mg/L)	氨氮 /(mg/L)	悬浮物 /(mg/L)
精练废水	9.0～11.0	2400～3000	4000～5000	50～60	200～350
冲洗废水	7.0～8.0	150～300	400～700	15～20	100～200

表 A.6　麻脱胶废水水质

工序	煮练	浸酸	水洗	拷麻、漂白、酸洗、水洗
化学需氧量/(mg/L)	11000～14000	4000～5000	800～2000	<100

表 A.7   化学纤维染整废水水质

废水类型	pH 值	色度/倍	五日生化需氧量/(mg/L)	化学需氧量/(mg/L)	悬浮物/(mg/L)	总氮/(mg/L)
涤纶(含碱减量)	10.0～13.0	100～200	350～750	1500～3000	100～300	—
涤纶(不含碱减量)	8.0～10.0	100～200	250～350	800～1200	50～100	—
腈纶	5.0～6.0	—	240～260	1000～1200	—	140～160

表 A.8   蜡染、印花废水水质

废水类型	pH 值	五日生化需氧量/(mg/L)	化学需氧量/(mg/L)	悬浮物/(mg/L)	氨氮/(mg/L)
蜡染(蜡回收以后)	7.0～9.0	100～300	1500～2000	300～400	100～150
印花	7.0～8.0	300～350	1000～1500	300～400	150～200

注：废水经一般生化处理（无脱氮工艺）后，由于尿素分解，氨氮浓度可以升高到 200～300mg/L。

附录 B

（资料性附录）

各主要工艺单元污染物去除效率参考表

表 B.1 给出了染整废水治理工程各主要工艺单元污染物去除效率的参考数据。

表 B.1   染整废水治理工程各主要工艺单元污染物去除效率

主要工艺单元		污染物去除效率/%		
		五日生化需氧量(BOD₅)	化学需氧量(COD)	色度
（前）物化处理		30～40	40～60	60～80
水解酸化		10～20	15～25	40～60
好氧生物处理	活性污泥法	90～95	60～70	30～50
	生物膜法	85～95	55～70	30～50
（后）物化处理		15～25	30～50	50～70

附录 C

（资料性附录）

回用水水质建议

表 C.1、表 C.2 给出了回用水水质建议。

表 C.1   漂洗用回用水水质

序号	项目	数值	序号	项目	数值
1	色度/倍	25	6	透明度/cm	≥30
2	总硬度(以 CaCO₃ 计)/(mg/L)	450	7	悬浮物/(mg/L)	≤30
3	pH 值	6.0～9.0	8	化学需氧量/(mg/L)	≤50
4	铁/(mg/L)	0.2～0.3	9	电导率/(μS/cm)	≤1500
5	锰/(mg/L)	≤0.2			

表 C.2 染色/印花用回用水水质

序号	项目	数值	序号	项目	数值
1	色度/倍	≤10	5	锰/(mg/L)	≤0.1
2	总硬度(以 CaCO$_3$ 计)/(mg/L)	见注	6	透明度/cm	≥30
3	pH 值	6.5～8.5	7	悬浮物/(mg/L)	≤10
4	铁/(mg/L)	≤0.1			

注：硬度小于 150mg/L 可全部用于生产。硬度在 150～325mg/L 之间，大部分可用于生产，但溶解染料应使用小于或等于 17.5mg/L 的软水。

附录 2 《排污许可证申请与核发技术规范 纺织印染工业》

(HJ 861—2017) 节选

1 适用范围

本标准规定了纺织印染工业排污许可证申请与核发的基本情况填报要求、许可排放限值确定、实际排放量核算和合规判定的方法，以及自行监测、环境管理台账与排污许可证执行报告等环境管理要求，提出了纺织印染工业污染防治可行技术要求。

本标准适用于指导纺织印染工业排污许可证的申请、核发与监管工作。

本标准适用于指导纺织印染工业排污单位填报《关于印发〈排污许可证管理暂行规定〉的通知》（环水体〔2016〕186 号）中附 2《排污许可证申请表》及在全国排污许可证管理信息平台申报系统填报相关申请信息，适用于指导核发机关审核确定纺织印染工业排污许可证许可要求。

本标准适用于纺织印染工业排污单位排放的水污染物和大气污染物的排污许可管理，具体包括《国民经济行业分类》（GB/T 4754）中的棉纺织及印染精加工 171，毛纺织及染整精加工 172，麻纺织及染整精加工 173，丝绢纺织及印染精加工 174，化纤纺织及印染精加工 175，纺织服装、服饰业 18。

纺织印染工业排污单位中，对于执行《火电厂大气污染物排放标准》（GB 13223）的生产设施或排放口，适用《关于开展火电、造纸行业和京津冀试点城市高架源排污许可证管理工作的通知》（环水体〔2016〕189 号）中附件 1《火电行业排污许可证申请与核发技术规范》；对于执行《锅炉大气污染物排放标准》（GB 13271）的生产设施或排放口，参照本标准执行，待锅炉工业排污许可证申请与核发技术规范发布后从其规定。

本标准未做规定但排放工业废水、废气或者国家规定的有毒有害大气污染物的纺织印染工业排污单位其他产污设施和排放口，参照《排污许可证申请与核发技术规范 总则》执行。

2 规范性引用文件

本标准内容引用了下列文件或者其中的条款。引用文件包含其修改单、公告等相关文件。凡是不注日期的引用文件，其有效版适用于本标准。

GB 4287　　　纺织染整工业水污染物排放标准

GB 8978　　　污水综合排放标准

GB 13223　　　火电厂大气污染物排放标准

GB 13271	锅炉大气污染物排放标准
GB 14554	恶臭污染物排放标准
GB/T 15432	环境空气 总悬浮颗粒物的测定 重量法
GB/T 16157	固定污染源排气中颗粒物测定与气态污染物采样方法
GB 16297	大气污染物综合排放标准
GB 20814	染料产品中重金属元素的限量及测定
GB 28936	缫丝工业水污染物排放标准
GB 28937	毛纺工业水污染物排放标准
GB 28938	麻纺工业水污染物排放标准
GB 50477	纺织工业企业职业安全卫生设计规范
HJ/T 55	大气污染物无组织排放监测技术导则
HJ/T 75	固定污染源烟气排放连续监测技术规范（试行）
HJ/T 76	固定污染源烟气排放连续监测系统技术要求及检测方法（试行）
HJ/T 91	地表水和污水监测技术规范
HJ/T 194	环境空气质量手工监测技术规范
HJ/T 353	水污染源在线监测系统安装技术规范（试行）
HJ/T 354	水污染源在线监测系统验收技术规范（试行）
HJ/T 355	水污染源在线监测系统运行与考核技术规范（试行）
HJ/T 356	水污染源在线监测系统数据有效性判别技术规范（试行）
HJ/T 373	固定污染源监测质量保证与质量控制技术规范（试行）
HJ/T 397	固定源废气监测技术规范
HJ 471	纺织染整工业废水治理工程技术规范
HJ 494	水质采样技术指导
HJ 495	水质采样方案设计技术规定
HJ 819	排污单位自行监测技术指南 总则
HJ 820	排污单位自行监测技术指南 火力发电及锅炉
FZ/T 01002	印染企业综合能耗计算办法及基本定额
HJ□□-20□□	排污许可证申请与核发技术规范 总则
HJ□□-20□□	排污单位自行监测技术指南 纺织印染工业
HJ□□-20□□	环境管理台账及排污许可证执行报告技术规范（试行）

《固定污染源排污许可分类管理名录》

《排污口规范化整治技术要求（试行）》（环监〔1996〕470号）

《污染源自动监控设施运行管理办法》（环发〔2008〕6号）

《关于执行大气污染物特别排放限值的公告》（环境保护部公告2013年第14号）

《"十三五"生态环境保护规划》（国发〔2016〕65号）

《关于印发〈排污许可证管理暂行规定〉的通知》（环水体
〔2016〕186 号）

《关于开展火电、造纸行业和京津冀试点城市高架源排污许
可证管理工作的通知》（环水体〔2016〕189 号）

《关于执行大气污染物特别排放限值有关问题的复函》（环办
大气函〔2016〕1087 号）

《关于加强京津冀高架源污染物自动监控有关问题的通知》
（环办环监函〔2016〕1488 号）

3　术语和定义

下列术语和定义适用于本标准。

3.1　纺织印染工业排污单位 textile and dyeing industry pollutant emission unit

指从事对麻、丝、毛等纺前纤维进行加工，纺织材料前处理、染色、印花、整
理为主的印染加工，以及从事织造，服装与服饰加工，并有水污染物或大气污染物
产生的生产单位。

3.2　许可排放限值　permitted emission limits

指排污许可证中规定的允许排污单位排放的污染物最大排放浓度和排放量。

3.3　特殊时段　special periods

指根据国家和地方限期达标规划及其他相关环境管理规定，对排污单位的污染
物排放情况有特殊要求的时段，包括重污染天气应对期间和冬防期间等。

3.4　印染 dyeing and printing

指对纺织材料（纤维、纱、线及织物）进行以化学处理为主的工艺过程，包括
前处理、染色、印花、整理（包括一般整理与功能整理）等工序。

4　纺织印染工业排污单位基本情况申报要求

4.1　基本原则

纺织印染工业排污单位应当按照实际情况填报，对提交申请材料的真实性、合
法性和完整性负法律责任。

纺织印染工业排污单位应按照本标准要求，在全国排污许可证管理信息平台
申报系统填报《排污许可证申请表》中的相应信息表。填报系统中未包括的，地
方环境保护主管部门有规定需要填报或排污单位认为需要填报的，可自行增加
内容。

4.2　排污单位基本信息

纺织印染工业排污单位基本信息应填报单位名称、邮政编码、行业类别（填报
时选择纺织印染相关行业）、是否投产、投产日期、生产经营场所中心经度、生产
经营场所中心纬度、所在地是否属于重点区域、环境影响评价文件批复及文号（备

案编号）或者地方政府对违规项目的认定或备案文件及文号、主要污染物总量分配计划文件及文号、二氧化硫总量指标（t/a）、氮氧化物总量指标（t/a）、颗粒物总量指标（t/a）、化学需氧量总量指标（t/a）、氨氮总量指标（t/a）、涉及的其他污染物总量指标，以及实施低排水染整工艺改造情况等。

4.3 主要产品及产能

4.3.1 一般原则

纺织印染工业排污单位应填报主要生产单元名称、主要工艺名称、生产设施名称、生产设施编号、设施参数、产品名称、生产能力及计量单位、设计年生产时间及其他。

4.3.2 主要生产单元

洗毛单元、麻脱胶单元、缫丝单元、织造单元、印染单元、成衣水洗单元、公用单元为必填内容，纺纱、服装及家纺加工等生产单元为选填内容。

4.3.3 主要工艺

洗毛单元：包括乳化洗毛工艺、溶剂洗毛工艺、冷冻洗毛工艺、超声波洗毛工艺。

麻脱胶单元：包括化学脱胶、生物脱胶、物理脱胶、生化联合脱胶工艺。

缫丝单元：包括桑蚕缫丝、柞蚕缫丝工艺。

织造单元：包括喷水织造、喷气织造工艺。

印染单元：包括前处理、印花、染色、整理工艺。

成衣水洗单元：包括普通水洗、酵素洗、漂洗、石磨洗工艺。

公用单元：包括锅炉、软化水系统、储存系统、废水处理系统、辅助系统。

4.3.4 生产设施

分为必填内容和选填内容。

a）必填内容

1）洗毛单元：包括洗毛设施（喷射洗毛机、滚筒洗毛机、超声洗毛机、联合洗毛机等）、炭化设施、剥鳞设施。

2）麻脱胶单元：包括浸渍设施、汽爆装置、沤麻设施、碱处理设施、漂白设施、酸洗设施、煮练设施、漂洗设施、发酵罐。

3）缫丝单元：包括煮茧机、缫丝机、打棉机。

4）织造单元：包括喷水织机及其他。

5）印染生产单元：包括前处理工序（烧毛设施、退浆设施、精练设施、煮练设施、漂白设施、丝光设施、定型设施、碱减量设施、前处理一体式设施等）、染色工序（散纤维染色设施、纱线染色设施、连续轧染设施、浸染染色设施、喷射染色设施、冷堆染色设施、卷染染色设施、经轴染色设施、溢流染色设施、气流染色设施、气液染色设施等）、印花工序（滚筒印花设施、圆网印花设施、平网印花设施、静电植绒设施、转移印花设施、数码印花设施、泡沫印花设施、印花感光制网设施、平洗设备、砂洗设备等）、整理工序（磨毛机、起毛机、定型设施、直接涂层设施、转移涂层设施、凝固涂层设施、层压复合设施、配料设施等）。

6) 成衣水洗单元：包括水洗机、吊染机、喷色机、马骝机、喷砂机、磨砂机、镭射造型机。

7) 公用单元：包括储存系统（煤场、化学品库、油罐、气罐等）、锅炉（燃煤锅炉、燃油锅炉、燃气锅炉、生物质锅炉等）。

b）选填内容

除 a）中要求外，其他生产设施为选填内容，包括选毛机、开毛机、烘毛机、打麻机、脱水机、烘干机、剥茧机、选茧机、筛茧机、真空给湿机、定幅机、拉幅机、电光机、轧纹机、轧光机、剪毛机、打布机、浆布机、脱水机、猫须设备等。

4.3.5　生产设施编号

纺织印染工业排污单位填报内部生产设施编号，若排污单位无内部生产设施编号，则根据《固定污染源（水、大气）编码规则（试行）》（环水体〔2016〕189 号中附件 4）进行编号并填报。

4.3.6　设施参数

填写参数名称、设计值、单位等，参数包括型号、浴比、车速、布幅宽度、容积等。

4.3.7　产品名称

填写各生产单元的产品名称，包括生丝、净毛、精干麻、纱、坯布、色纤、色纱、面料、家用纺织制成品、产业用纺织制成品、纺织服装、服饰品等。

4.3.8　生产能力及计量单位

生产能力为主要产品设计产能，并标明计量单位，不包括国家或地方政府予以淘汰或取缔的产能。

4.3.9　设计年生产时间

环境影响评价文件及其批复、地方政府对违规项目的认定或备案文件确定的年生产天数。

4.3.10　其他

纺织印染工业排污单位如有需要说明的内容，可填写。

4.4　主要原辅料及燃料

4.4.1　原料

洗毛单元原料种类包括原毛、水、其他。

麻脱胶单元原料种类包括苎麻、亚麻、黄麻、大麻、红麻、罗布麻、水、其他。

缫丝单元原料种类包括桑蚕茧、柞蚕茧、水、其他。

织造单元原料种类包括天然纤维（棉、麻、丝、毛、石棉及其他）与化学纤维（再生纤维、合成纤维、无机纤维、其他）。

印染单元原料种类包括散纤维、纱、织物、水、其他。

成衣水洗单元原料种类包括成衣、成品布、水、其他。

4.4.2　辅料

通用辅料包括生产过程中添加的化学品以及废水、废气污染治理过程中添加的化学品（包括石灰、硫酸、盐酸、混凝剂、助凝剂等）。

洗毛单元辅料包括烧碱、合成洗涤剂、氯化钠、硫酸钠、硫酸铵、有机溶剂、盐酸、漂白剂、双氧水、其他。

麻脱胶单元辅料包括烧碱、硫酸、盐酸、双氧水、生物酶、给油剂、其他。

缫丝单元辅料包括渗透剂、抑制剂、解舒剂、其他。

织造单元辅料包括浆料、表面活性剂、油剂、防腐剂、石蜡、其他。

印染单元辅料包括染料（直接染料、活性染料、还原染料、硫化染料、酸性染料、分散染料、冰染染料、碱性染料、媒染染料、荧光染料、氧化染料、酞菁染料、缩聚染料、暂溶性染料）、颜料、糊料、酸剂（乙酸、苹果酸、酒石酸、琥珀酸、硫酸、盐酸）、碱剂（烧碱、纯碱、氨水）、氧化剂（二氧化氯、液氯、双氧水、次氯酸钠）、还原剂（二氧化硫、保险粉、元明粉）、生物酶、短纤维绒、离型纸、助剂（分散剂、精练剂、润湿剂、乳化剂、洗涤剂、渗透剂、均染剂、黏合剂、增白剂、消泡剂、增稠剂、皂洗剂、硬挺剂、固色剂及其他）、整理剂（柔软剂、抗菌防皱剂、防污整理剂、拒油整理剂、防紫外线整理剂、阻燃整理剂、防水整理剂、防皱整理剂、抗静电整理剂、稳定剂、增塑剂、发泡机、促进剂、填充料、着色剂、防光氧化剂、交联剂、防水解剂、增稠剂、引发剂及其他）、涂层剂［聚氯乙烯（PVC）胶、聚氨酯（PU）胶、聚丙烯酸酯（PA）胶、聚有机硅氧烷、橡胶乳液及其他］、溶剂（甲苯、二甲苯、二甲基甲酰胺、丁酮、苯乙烯、丙烯酸、乙酸乙酯、丙烯酸酯及其他）、感光胶（含铬感光胶、常规感光胶）、其他。成衣水洗单元辅料包括酵素、柔软剂、渗透剂、膨松剂、冰醋酸、烧碱、双氧水、碳酸钠、漂白粉、其他。

4.4.3　燃料

燃料种类包括燃煤、天然气、重油、生物质燃料等。

4.4.4　设计年使用量

设计年使用量为与产能相匹配的原辅材料及燃料年使用量。

设计年使用量的计量单位均为 t/a 或 m^3/a。

4.4.5　原辅材料成分及占比

按设计值或上一年生产实际值填写，如染料或助剂中含有铬，应填报铬元素占比，含量必须满足 GB 20814 相关要求。

4.4.6　燃料灰分、硫分、挥发分及热值

需按设计值或上一年生产实际值填写燃料灰分、硫分（固体和液体燃料按硫分计；气体燃料按总硫计，总硫包含有机硫和无机硫）、挥发分及热值（低位发热

量），燃油和燃气填写硫分及热值。

4.4.7　其他

纺织印染工业排污单位如有需要说明的内容，可填写。

4.5　产排污节点、污染物及污染治理设施

4.5.1　一般原则

废水产排污节点、污染物及污染治理设施包括废水类别、污染物种类、排放去向、排放规律、污染治理设施、排放口编号、排放口设置是否符合要求、排放口类型。以下"4.5.2.1～4.5.2.5"为必填项。

废气产排污节点、污染物及污染治理设施包括对应产污环节名称、污染物种类、排放形式（有组织、无组织）、污染治理设施、有组织排放口编号、排放口设置是否符合要求、排放口类型。以下"4.5.3.1～4.5.3.4"为必填项。

4.5.2　废水

4.5.2.1　废水类别、污染物种类及污染治理设施

纺织印染工业排污单位废水类别、产污环节、污染物项目、污染治理设施及排放口类型填报内容参见表1。有地方排放标准要求的，按照地方排放标准确定。

表1　纺织印染工业排污单位废水类别、污染物项目及污染治理设施一览表

废水类别	产污环节	污染物项目	污染治理设施		排放口类型
			污染治理设施名称及工艺	是否为可行技术	
缫丝废水	煮茧、缫丝、打棉	化学需氧量、悬浮物、五日生化需氧量、氨氮、总氮、总磷、pH 值、动植物油	一级处理设施：捞毛机、格栅、中和调节、气浮、混凝、沉淀及其他；二级处理设施：水解酸化、厌氧生物法、好氧生物法；深度处理设施：活性炭吸附、曝气生物滤池、高级氧化、臭氧芬顿氧化、滤池/滤布、离子交换、树脂过滤、膜分离、人工湿地及其他	□是 □否 如采用不属于"6 污染防治可行技术要求"中的技术，应提供应用证明、监测数据等相关证明材料	□ 总排放口（□直接排放口/□间接排放口）/□生产设施或车间废水排放口
洗毛废水	洗毛、剥鳞、炭化、水洗、漂白				
麻脱胶废水	浸渍、碱处理、酸洗、漂白、煮练、脱水	化学需氧量、悬浮物、五日生化需氧量、氨氮、总氮、总磷、pH 值、可吸附有机卤素、色度			
印染废水	退浆、煮练、精练、漂白、丝光、碱减量、染色、印花、漂洗、定型整理	化学需氧量、悬浮物、五日生化需氧量、氨氮、总氮、总磷、pH 值、六价铬、色度、可吸附有机卤素、苯胺类、硫化物、二氧化氯、总锑			
成衣水洗废水	水洗	化学需氧量、悬浮物、五日生化需氧量、氨氮、总氮、总磷、pH 值、色度			
织造废水	喷水织造	化学需氧量、悬浮物、五日生化需氧量、氨氮、总氮、总磷、pH 值			
初期雨水、生活污水[①]、循环冷却水排污水	—				

① 单独排入城镇集中污水处理设施的生活污水仅说明去向。

4.5.2.2 排放去向及排放规律

纺织印染工业排污单位应明确废水排放去向及排放规律。

废水排放去向分为：不外排；排至厂内综合污水处理站；直接进入海域；直接进入江河、湖、库等水环境；进入城市下水道（再入江河、湖、库）；进入城市下水道（再入沿海海域）；进入城市污水处理厂；进入其他单位；进入工业废水集中处理设施；其他。

废水排放规律分为：连续排放，流量稳定；连续排放，流量不稳定，但有周期性规律；连续排放，流量不稳定，但有规律，且不属于周期性规律；连续排放，流量不稳定，属于冲击型排放；连续排放，流量不稳定且无规律，但不属于冲击型排放；间断排放，排放期间流量稳定；间断排放，排放期间流量不稳定，但有周期性规律；间断排放，排放期间流量不稳定，但有规律，且不属于非周期性规律；间断排放，排放期间流量不稳定，属于冲击型排放；间断排放，排放期间流量不稳定且无规律，但不属于冲击型排放。

4.5.2.3 污染治理设施、排放口编号

污染治理设施编号可填写纺织印染工业排污单位内部编号，若无内部编号，则根据《固定污染源（水、大气）编码规则（试行）》（环水体〔2016〕189 号中附件 4）进行编号并填报。

排放口编号应填写地方环境保护主管部门现有编号，若地方环境保护主管部门未对排放口进行编号，则排污单位根据《固定污染源（水、大气）编码规则（试行）》（环水体〔2016〕189 号中附件 4）进行编号并填写。

4.5.2.4 排放口设置要求

根据《排污口规范化整治技术要求（试行）》等相关文件的规定，结合实际情况填报排放口设置是否符合规范化要求。

4.5.2.5 排放口类型

纺织印染工业排污单位排放口分为废水总排放口（直接排放口、间接排放口）和车间或生产设施废水排放口，其中废水总排放口为主要排放口。具体参见表 1。

4.5.3 废气

（略）

4.6 图件要求

纺织印染工业排污单位基本情况还应包括生产工艺流程图（包括全厂及各工序）、厂区总平面布置图、雨污水管网平面布置图。

生产工艺流程图应至少包括主要生产设施（设备）、主要原辅燃料的流向、生产工艺流程等内容。

厂区总平面布置图应至少包括主体设施、公辅设施、污水处理设施等内容，同时注明厂区运输路线等。

雨污水管网平面布置图应包括厂区雨水和污水集输管线走向、排放口位置及排放去向等内容。

4.7 其他要求

省级环境保护主管部门按环境质量改善需求增加的管理要求，应在"有核发权的地方环境保护主管部门增加的管理内容"中填写。

纺织印染工业排污单位在填报申请信息时，应评估污染排放及环境管理现状，对现状环境问题提出整改措施，并在全国排污许可证管理信息平台申报系统中"改正措施"填写。

表2 纺织印染工业排污单位废气产污环节名称、污染物项目、排放形式及污染治理设施（措施）一览表

（略）

5 产排污节点对应排放口及许可排放限值确定方法

5.1 产排污节点及排放口具体规定

5.1.1 废水

纺织印染工业排污单位应按照本标准要求，在全国排污许可证管理信息平台申报系统填报《排污许可证申请表》中废水直接排放口和间接排放口信息。废水直接排放口应填报直接排放口地理坐标、间歇排放时段、受纳水体水质目标、汇入受纳水体处地理坐标及执行的污染物排放标准；废水间接排放口应填报间接排放口地理坐标、间歇排放时段、受纳污水处理厂信息及执行的污染物接收标准。其余项为依据本标准第4.5部分填报的产排污节点及排放口信息，信息平台系统自动生成。废水间歇式排放的，应当载明排放污染物的时段。排污单位纳入排污许可管理的废水排放口和污染物项目见表3。有地方要求的从其规定。

5.1.2 废气

（略）

表4 纳入排污许可管理的废气产生环节、排放口及污染物项目

（略）

5.2 许可排放限值

5.2.1 一般原则

许可排放限值包括污染物许可排放浓度和许可排放量。许可排放量包括年许可排放量和特殊时段许可排放量。年许可排放量是指允许纺织印染工业排污单位连续12个月排放的污染物最大排放量。年许可排放量同时适用于考核自然年的实际排放量。有核发权的地方环境保护主管部门可根据环境管理规定细化许可排放量的核算周期。

对于水污染物，按照排放口确定许可排放浓度、许可排放量。对于纺织印染工业排污单位生产废水排入城市污水处理厂、工业废水集中处理设施的情况，除核算

表 3   纳入许可管理的废水排放口及污染物项目

废水排放口	污染物项目
车间或生产设施废水排放口	六价铬①
纺织印染工业排污单位废水总排放口	pH 值
	色度
	悬浮物
	化学需氧量
	五日生化需氧量
	氨氮
	总氮
	总磷
	动植物油②
	可吸附有机卤素③
	苯胺类④
	硫化物⑤
	二氧化氯⑥
	总锑⑦

① 仅适用于使用含铬染料或助剂、含有感光制网工艺的排污单位。

② 仅适用于含缫丝、毛纺生产单元的排污单位。

③⑥ 仅适用于麻纺、印染生产单元中含氯漂工艺的排污单位。

④⑤ 仅适用于含印染生产单元的排污单位。

⑦ 仅适用于含涤纶化纤碱减量工艺的排污单位。

排污单位许可排放量外，还需根据城市污水处理厂、工业废水集中处理设施执行的外排标准，核算排入外环境的排放量，并载入排污许可证中。单独排入城镇集中污水处理设施的生活污水排放口不许可排放浓度和排放量。

对于大气污染物，有组织排放源主要排放口应明确各污染物许可排放浓度和年许可排放量，一般排放口应明确各污染物许可排放浓度。无组织废气按照厂界确定许可排放浓度，不设置许可排放量要求。

根据国家或地方污染物排放标准确定许可排放浓度。依据总量控制指标及本标准规定的方法从严确定许可排放量，2015 年 1 月 1 日（含）后取得环境影响评价文件批复的纺织印染工业排污单位，许可排放量还应同时满足环境影响评价文件和批复要求。总量控制指标包括地方政府或环境保护主管部门发文确定的排污单位总量控制指标、环境影响评价文件批复时的总量控制指标、现有排污许可证中载明的总量控制指标、通过排污权有偿使用和交易确定的总量控制指标等地方政府或环境保护主管部门与排污许可证申领排污单位以一定形式确认的总量控制指标。

纺织印染工业排污单位填报申请的排污许可排放限值时，应在《排污许可证申请表》中写明许可排放限值计算过程。

纺织印染工业排污单位承诺的排放浓度严于本标准要求的，应在排污许可证中载明。

5.2.2　许可排放浓度

5.2.2.1　废水

纺织印染工业排污单位水污染物许可排放浓度限值按照 GB 4287、GB 8978、GB 28936、GB 28937、GB 28938 确定，地方有更严格的排放标准要求的，按照地方排放标准从严确定。废水排入城镇污水处理厂或工业集中污水处理设施的排污单位，应按相应排放标准规定执行。

若纺织印染工业排污单位的产品同时适用不同排放控制要求或不同类别国家污染物排放标准，且不同产品产生的废水混合处理排放的情况下，应执行排放标准中规定的最严格的浓度限值。

5.2.2.2　废气

（略）

5.2.3　许可排放量

5.2.3.1　废水

纺织印染工业排污单位应明确外排化学需氧量、氨氮以及受纳水体环境质量超标且列入 GB 4287、GB 8978、GB 28936、GB 28937、GB 28938 中的其他污染物项目年许可排放量。单独排入城镇集中污水处理设施的生活污水不申请许可排放量。对位于《"十三五"生态环境保护规划》区域性、流域性的总磷、总氮总量控制区域内的排污单位，还应分别申请总磷及总氮年许可排放量。

（1）单一产品

1）喷水织造、成衣水洗单元单位产品的水污染物排放量限值和产品产能核定，计算公式如式（1）所示。

$$D_j = S \times P_j \times 10^{-3} \tag{1}$$

式中　D_j——排污单位废水第 j 项水污染物的年许可排放量，t/a；

　　　S——排污单位产品产能，t/a 或百米布/a；

　　　P_j——生产单位产品的第 j 项水污染物排放量限值，kg/t 产品。

喷水织造单元单位产品水污染物排放量限值，间接排放的排污单位按 0.30kg 化学需氧量/百米布、0.0060kg 氨氮/百米布计，直接排放的排污单位按 0.060kg 化学需氧量/百米布、0.0036kg 氨氮/百米布计；成衣水洗单元单位产品水污染物排放量限值，间接排放的排污单位按 20.00kg 化学需氧量/t 产品、0.20kg 氨氮/t 产品计，直接排放的排污单位按 2.00kg 化学需氧量/t 产品、0.12kg 氨氮/t 产品计。地方有更严格要求的，按照地方要求从严确定。

2）其他生产单元排污单位水污染物许可排放量依据该产品产能、单位产品基准排水量和水污染物许可排放浓度限值核定，计算公式如式（2）所示。

$$D_j = S \times Q \times C_j \times 10^{-6} \tag{2}$$

式中　D_j——排污单位废水第 j 项水污染物年许可排放量，t/a；

　　　S——排污单位产品产能，t/a，产能单位按 FZ/T 01002 进行折算；

　　　Q——单位产品基准排水量，m³/t 产品，排污单位执行 GB 28936、GB 28937、GB 28938 及 GB 4287 中的相关取值；地方有更严格排放标准要求的，按照地方排放标准从严确定；

　　　C_j——排污单位废水第 j 项水污染物许可排放浓度限值，mg/L。

（2）多种产品

纺织印染工业排污单位含有执行不同排放浓度或单位产品基准排水量的产品，年许可排放量的计算公式如式（3）所示。

$$D_j = C_j \times \sum_{i=1}^{n} (Q_i \times S_i \times 10^{-6}) \tag{3}$$

式中　D_j——排污单位废水第 j 项水污染物年许可排放量，t/a；

　　　C_j——排污单位废水第 j 项水污染物许可排放浓度，mg/L；

　　　n——排污单位产品种类数量；

　　　Q_i——第 i 类产品基准排水量，m³/t 产品；

　　　S_i——第 i 类产品产能，t/a。

5.2.3.2　废气

（略）

表 5　锅炉废气基准烟气量取值表

（略）

6　污染防治可行技术要求

6.1　一般原则

本标准中所列污染防治可行技术及运行管理要求可作为核发机关对排污许可证申请材料审核的参考。对于纺织印染工业排污单位采用本标准所列可行技术的，原则上认为具备符合规定的防治污染设施或污染物处理能力。对于未采用本标准所列可行技术的，排污单位应当在申请时提供相关证明材料（如提供应用案例的监测数据；对于国内外首次采用的污染治理技术，还应当提供中试数据等说明材料），证明可达到与污染防治可行技术相当的处理能力。

对不属于污染防治可行技术的污染治理技术，纺织印染工业排污单位应当加强自行监测、台账记录，评估达标可行性。待纺织印染工业污染防治可行技术指南发布后，从其规定。

6.2　废水

6.2.1　可行技术

纺织印染工业排污单位废水处理方式分为分质综合处理和直接综合处理。分质综合处理是对要求车间或生产设施排放口达标排放的生产废水（如含铬废水），或者对具有资源回用价值的工艺废水（缫丝废水、洗毛废水、碱减量废水等）进行单独处理后，排入厂区综合废水处理设施进行混合处理的方式。直接综合处理是排污单位生产废水直接排入厂区综合废水处理设施进行混合处理的方式。纺织印染排污单位综合污水处理设施分为一级、二级及深度处理。纺织印染工业废水污染防治可行技术具体详见附录 A。

6.2.2　运行管理要求

纺织印染工业排污单位根据产污环节合理确定废水处理工艺及设施参数，应符合 HJ 471 相关要求。废水中含有棉毛短绒、纤维较多时应采用具有清洗功能的滤网设备，含细砂和短纤维的成衣水洗废水应设置除砂及过滤设备。采用化学脱色处理废水时，宜首选不含氯脱色剂。废水处理中产生的栅渣、污泥等做好收集处理处置，防止二次污染。根据工艺要求，定期对构筑物、设备、电气及自控仪表进行检查维护，确保处理设施稳定运行。

纺织印染工业排污单位应进行雨污分流，重视生产节水管理，加强各类废水的处理与回用，实施低排水印染工艺改造。根据用水水质要求实现废水梯级利用，尽量减少污水排放量。厂区内废水管线和处理设施做好防渗，防止有毒有害污染物渗入地下水体。

根据废水处理设施生产及周围环境实际情况，考虑各种可能的突发性事故，做好应急预案，配备人力、设备、通讯等资源，预留应急处置的条件。未经当地环境保护行政主管部门批准，废水处理设施不得停止运行。由于紧急事故造成设施停止运行时，应立即报告当地环境保护主管部门。

6.3　废气

（略）

7　自行监测管理要求

7.1　一般原则

纺织印染工业排污单位在申请排污许可证时，应当按照本标准确定产排污节点、排放口、污染因子及许可排放限值的要求，制定自行监测方案并在《排污许可证申请表》中明确。纺织印染工业排污单位自行监测技术指南发布后，自行监测方案的制定从其要求。排污单位自备火力发电厂机组（厂）、配套锅炉的自行监测要求按照 HJ 820 制定自行监测方案。2015 年 1 月 1 日（含）后取得环境影响评价文件批复的纺织印染工业排污单位，应根据环境影响评价文件和批复要求同步完善自行监测方案。有核发权的地方环境保护主管部门可根据环境质量改善需求，增加纺织印染工业排污单位自行监测管理要求。

7.2　自行监测方案

自行监测方案中应明确纺织印染工业排污单位的基本情况、监测点位及示意图、监测污染物项目、执行标准及其限值、监测频次、采样和样品保存方法、监测分析方法和仪器、质量保证与质量控制、自行监测信息公开等。其中监测频次为监测周期内至少获取1次有效监测数据。对于采用自动监测的排污单位应当如实填报采用自动监测的污染物项目、自动监测系统联网情况、自动监测系统的运行维护情况等；对于未采用自动监测的污染物项目，排污单位应当填报开展手工监测的污染物排放口、监测点位、监测方法、监测频次等。

7.3　自行监测要求

7.3.1　一般原则

纺织印染工业排污单位可自行或委托第三方监测机构开展监测工作，并安排专人专职对监测数据进行记录、整理、统计和分析。排污单位对监测结果的真实性、准确性、完整性负责。手工监测时生产负荷应不低于本次监测与上一次监测周期内的平均生产负荷。

7.3.2　监测内容

自行监测污染源和污染物应包括排放标准中涉及的各项废气、废水污染源和污染物。纺织印染工业排污单位应当开展自行监测的污染源包括产生有组织废气、无组织废气、生产废水、生活污水、雨水等全部污染源。

7.3.3　监测点位

纺织印染工业排污单位开展自行监测的点位包括废气外排口、废水外排口、无组织排放监测点位、内部监测点位、周边环境影响监测点位等。

7.3.3.1　废气外排口

（略）

7.3.3.2　废水外排口

纺织印染工业排污单位应按照排放标准规定的监控位置设置废水外排口监测点位，废水排放口应符合《排污口规范化整治技术要求（试行）》和 HJ/T 91 的要求。设区的市级及以上环境保护主管部门明确要求安装自动监测设备的污染物项目，须采取自动监测。

排放标准中规定的监控位置为车间或生产设施废水排放口的污染物，在相应的废水排放口采样。排放标准中规定的监控位置为排污单位总排放口的污染物，废水直接排放的，在排污单位的总排放口采样；废水间接排放的，在排污单位的污水处理设施排放口后、进入公共污水处理系统前的排污单位用地红线边界的位置采样。单独排入城镇集中污水处理设施的生活污水无需开展自行监测。

选取全厂雨水排放口开展监测。对于有多个雨水排放口的排污单位，对全部排放口开展监测。雨水监测点位设在厂内雨水排放口后、排污单位用地红线边界位置。在确保雨水排放口有流量的前提下进行采样。

纺织印染工业排污单位废水排放监测的监测点位为排污单位总排放口。

7.3.3.3　周边环境影响监测点位

对于 2015 年 1 月 1 日（含）后取得环境影响评价文件批复的纺织印染工业排污单位，周边环境影响监测点位按照环境影响评价文件要求设置。

7.4　监测技术手段

自行监测技术手段包括自动监测、手工监测两种类型，纺织印染工业排污单位可根据监测成本、监测指标以及监测频次等内容，合理选择适当的监测技术手段。

根据《关于加强京津冀高架源污染物自动监控有关问题的通知》中的相关内容，京津冀地区及传输通道城市纺织印染工业排污单位各排放烟囱超过 45 米的高架源应安装污染源自动监控设备。鼓励其他排放口及污染物采用自动监测设备监测，无法开展自动监测的，应采用手工监测。

7.5　监测频次

纺织印染工业排污单位应按照 HJ/T 75 开展自动监测数据的校验比对。中控自动设备或自动监控设施出现故障期间，按照《污染源自动监控设施运行管理办法》的要求，将手工监测数据向环境保护主管部门报送，每天不少于 4 次，间隔不得超过 6 小时。印染、纺织、水洗行业排污单位废水排放口监测指标及最低监测频次分别按照表 6、表 7 执行，废气排放口监测指标及最低监测频次按照表 8、表 9执行。

表 6　纺织印染工业印染行业排污单位废水排放口监测指标及最低监测频次

监测点位	监测指标	监测频次	
		直接排放	间接排放
废水总排放口	流量、pH 值、化学需氧量、氨氮	自动监测	自动监测
	悬浮物、色度	日	周
	五日生化需氧量、总氮①、总磷①	周	月
	苯胺类、硫化物	月	季度
	二氧化氯②、可吸附有机卤素（AOX）②	年	年
	总锑③	季度	半年
车间或生产设施排放口	六价铬④	月	

①　水环境质量中总氮（无机氮）/总磷（活性磷酸盐）超标的流域或沿海地区，或总氮/总磷实施总量控制区域，总氮/总磷最低监测频次按日执行。

②　适用于含氯漂工艺的排污单位。监测结果超标的，应增加监测频次。

③　适用于以含涤纶为原料的排污单位。水环境质量中总锑超标的流域或沿海地区，总锑最低监测频次按月执行。

④　适用于使用含铬染料及助剂、有感光制网工艺进行印染加工的排污单位。

注：雨水排口污染物（化学需氧量）在排放期间按日监测。

表 7　纺织行业（毛纺、麻纺、缫丝、织造）、水洗行业
排污单位废水排放口监测指标及最低监测频次

监测点位	监测指标	监测频次	
		直接排放	间接排放
废水总排放口	流量、pH 值、化学需氧量、氨氮	自动监测	自动监测
	悬浮物、色度①	日	周
	五日生化需氧量	周	月
	总氮②、总磷②	月	季度
	动植物油③	月	季度
	可吸附有机卤素（AOX）④	年	

① 适用于麻纺、成衣水洗排污单位。

② 水环境质量中总氮（无机氮）/总磷（活性磷酸盐）超标的流域或沿海地区，或总氮/总磷实施总量控制区域，总氮/总磷最低监测频次按日执行。

③ 适用于毛纺、缫丝排污单位。

④ 适用于麻纺排污单位。监测结果超标的排污单位，应增加监测频次。

注：雨水排口污染物（化学需氧量）在排放期间按日监测。

表 8　纺织印染工业排污单位废气排放口监测指标及最低监测频次

（略）

表 9　纺织印染工业排污单位无组织废气排放监测点位、监测指标及最低监测频次

（略）

7.6　采样和测定方法

7.6.1　自动监测

废气自动监测参照 HJ/T 75、HJ/T 76 执行。

废水自动监测参照 HJ/T 353、HJ/T 354、HJ/T 355 执行。

7.6.2　手工监测

废气手工采样方法的选择参照 GB/T 16157、HJ/T 397 执行。

无组织排放采样方法参照 GB/T 15432、HJ/T 55 执行。

周边大气环境质量监测点采样方法参照 HJ/T 194 执行。

废水手工采样方法的选择参照 HJ 494、HJ 495 和 HJ/T 91 执行。

7.6.3　测定方法

废气、废水污染物的测定按照相应排放标准中规定的污染物浓度测定方法标准执行，国家或地方法律法规等另有规定的，从其规定。

7.7　数据记录要求

监测期间手工监测的记录和自动监测运维记录按照 HJ 819 执行，同步记录监测期间的生产工况。

7.8　监测质量保证与质量控制

按照 HJ 819、HJ/T 373，纺织印染工业排污单位应当根据自行监测方案及开展状况，梳理全过程监测质控要求，建立自行监测质量保证与质量控制体系。

7.9 自行监测信息公开

纺织印染工业排污单位应按照 HJ 819 要求进行自行监测信息公开。

8 环境管理台账记录与执行报告编制要求

8.1 环境管理台账记录要求

8.1.1 一般原则

纺织印染工业排污单位在申请排污许可证时，应按本标准规定，在《排污许可证申请表》中明确环境管理台账记录要求。有核发权的地方环境保护主管部门补充制订相关技术规范中要求增加的，在本标准基础上进行补充；排污单位还可根据自行监测管理的要求补充填报其他必要内容。

纺织印染工业排污单位应建立环境管理台账制度，设置专人专职进行台账的记录、整理、维护和管理，并对台账记录结果的真实性、准确性、完整性负责。

8.1.2 台账记录内容

纺织印染工业排污单位排污许可证台账应真实记录生产设施和污染防治设施信息，其中，生产设施信息包括基本信息和生产设施运行管理信息，污染防治设施信息包括基本信息、污染防治设施运行管理信息、监测记录信息、其他环境管理信息等内容。

8.1.2.1 生产设施信息

记录生产设施运行参数，包括设备名称、主要生产设施参数、设计生产能力、产品产量、生产负荷、原辅料及燃料使用情况等。

1）产品产量：记录最终产品产量；

2）生产负荷：记录实际产品产量与实际核定产能之比；

3）原辅料：记录名称、种类、用量等；

4）燃料：记录总硫含量、硫化氢含量等。

记录内容参见附录 C（略）中表 C.1、表 C.2。

8.1.2.2 污染防治设施运行管理信息

记录所有污染治理设施的规格参数、污染物排放情况、停运时段、主要药剂添加情况等。

1）污染物排放情况：

废水防治设施台账应包括所有防治设施的运行参数及排放情况等，废水治理设施包括废水处理能力（m³/d）、运行参数、废水排放量、废水回用量、污泥产生量及去向、出水水质、排水去向等。记录内容参见附录 C（略）中表 C.3。

废气治理设施应记录入口风量、污染物项目、排放浓度、排放量、治理效率、数据来源，还应明确排放口烟气温度、压力、排气筒高度、排放时间等。记录内容参见附录 C（略）中表 C.4。

2）停运时段：开始时间、结束时间，记录内容反映纺织印染工业排污单位污染防治设施运行状况。

3）主要药剂添加情况：记录添加药剂名称、添加时间、添加量。

8.1.2.3   非正常工况记录信息

非正常工况记录信息内容应记录非正常（停运）时刻、恢复（启动）时刻、事件原因、是否报告、所采取的措施等。记录内容参见附录 C（略）中表 C.5。

8.1.2.4   监测记录信息

对手工监测记录、自动监测运行维护记录、信息报告、应急报告内容的要求进行台账记录。监测质量控制根据 HJ/T 373、HJ 819 要求执行。

8.1.2.5   其他环境管理信息

纺织印染工业排污单位应记录无组织废气污染治理措施运行、维护、管理相关的信息。无组织废气治理措施应按天次至少记录厂区降尘洒水次数、原料或产品场地封闭、遮盖情况、是否出现破损等。

纺织印染工业排污单位在特殊时段应记录管理要求、执行情况（包括特殊时段生产设施运行管理信息和污染防治设施运行管理信息）等。

纺织印染工业排污单位还应根据环境管理要求和排污单位自行监测内容需求，自行增补记录。

8.1.3   台账记录频次

8.1.3.1   生产设施运行管理信息

生产运行状况：按照纺织印染工业排污单位生产班制记录，每班记录 1 次。

产品产量：连续性生产的设施按照班制记录，每班记录 1 次；间歇性生产的设施按照一个完整的生产过程进行记录。

原辅料及燃料使用情况：每批记录 1 次。

8.1.3.2   污染治理设施运行管理信息

污染防治设施运行状况：按照污染治理设施管理单位班制记录，每班记录 1 次。

污染物排放情况：连续排放污染物的按班制记录，每班记录 1 次；非连续排放污染物的按照产排污阶段记录，每阶段记录 1 次。

药剂添加情况：每班记录 1 次。

8.1.3.3   非正常工况记录信息

非正常工况信息按工况期记录，每工况期记录 1 次。

8.1.3.4   监测记录信息

监测数据的记录频次与本标准规定的废气、废水监测频次一致。

8.1.3.5   其他环境管理信息

无组织废气污染治理措施运行、维护、管理相关的信息记录频次原则上不小于 1 天 1 次。

重污染天气应对期间等特殊时段的台账记录频次原则上与正常生产记录频次一致，涉及停产的纺织印染工业排污单位或生产工序原则上仅对起始和结束当天进行 1 次记录，地方环境保护主管部门有特殊要求的，从其规定。

8.1.4   台账记录形式及保存

台账应当按照纸质储存和电子化储存两种形式同步管理，台账保存期限不得少于三年。

纸质台账应存放于保护袋、卷夹或保护盒中，专人保存于专门的档案保存地点，并由相关人员签字。档案保存应采取防光、防热、防潮、防细菌及防污染等措施。纸质类档案如有破损应随时修补。

电子台账保存于专门存贮设备中，并保留备份数据。存贮设备由专人负责管理，定期进行维护。电子台账根据地方环境保护主管部门管理要求定期上传，纸质台账由纺织印染工业排污单位留存备查。

8.2　排污许可证执行报告编制规范

8.2.1　一般原则

排污许可证执行报告按报告周期分为年度执行报告、季度执行报告和月度执行报告。

持有排污许可证的纺织印染工业排污单位，均应按照本标准规定提交年度执行报告与季度执行报告。为满足其他环境管理要求，地方环境保护主管部门有更高要求的，排污单位还应根据其规定，提交月度执行报告。排污单位应在全国排污许可证管理信息平台上填报并提交执行报告，同时向有核发机关提交通过平台印制的书面执行报告。

8.2.2　执行报告频次

8.2.2.1　年度执行报告

纺织印染工业排污单位应至少每年上报一次排污许可证年度执行报告，于次年一月底前提交至排污许可证核发机关。对于持证时间不足三个月的，当年可不上报年度执行报告，排污许可证执行情况纳入下一年年度执行报告。

8.2.2.2　季度执行报告

纺织印染工业排污单位每季度上报一次排污许可证季度执行报告。自当年一月起，每三个月上报一次季度执行报告，季度执行报告于下季度首月十五日前提交至排污许可证核发机关，提交年度执行报告的可免报当季季度执行报告。但对于无法按时上报年度执行报告的，应先提交季度报告，并于十日内提交年度执行报告。对于持证时间不足一个月的，该报告周期内可不上报季度执行报告，排污许可证执行情况纳入下一季度执行报告。

8.2.3　执行报告内容

8.2.3.1　年度执行报告

纺织印染工业排污单位应根据环境管理台账记录等信息归纳总结报告期内排污许可证执行情况，按照执行报告提纲编写年度执行报告，保证执行报告的规范性和真实性，按时提交至发证机关。年度执行报告编制内容包括以下 13 部分，各部分详细内容应按附录 D（略）进行编制：

1）基本生产信息；
2）遵守法律法规情况；
3）污染防治设施运行情况；
4）自行监测情况；

5）台账管理情况；

6）实际排放情况及合规判定分析；

7）排污费（环境保护税）缴纳情况；

8）信息公开情况；

9）纺织印染工业排污单位内部环境管理体系建设与运行情况；

10）其他排污许可证规定的内容执行情况；

11）其他需要说明的问题；

12）结论；

13）附图附件要求。

8.2.3.2　季度执行报告

纺织印染工业排污单位季度执行报告编写内容应至少包括污染物实际排放情况及合规判定分析，以及污染防治设施运行情况中异常情况的说明及所采取的措施。

9　实际排放量核算方法

9.1　一般原则

纺织印染工业排污单位实际排放量为正常情况与非正常情况实际排放量之和。

纺织印染工业排污单位应核算废气污染物主要排放口实际排放量和废水污染物实际排放量，不核算废气污染物一般排放口实际排放量和无组织实际排放量。核算方法包括实测法、物料衡算法、产污系数法。

对于排污许可证中载明应当采用自动监测的排放口和污染物，纺织印染工业排污单位根据符合监测规范的有效自动监测数据采用实测法核算实际排放量。

对于排污许可证中载明应当采用自动监测的排放口或污染物而未采用的，纺织印染工业排污单位应采用物料衡算法核算二氧化硫实际排放量，核算时根据原辅燃料消耗量、含硫率，按直排进行核算；采用产污系数法核算颗粒物、氮氧化物、化学需氧量、氨氮等污染物的实际排放量，根据产品产量和单位产品污染物产生量，按直排进行核算。

对于排污许可证未要求采用自动监测的排放口或污染物，纺织印染工业排污单位按照优先顺序依次选取自动监测数据、执法和手工监测数据、产污系数法或物料衡算法进行核算。在采用手工和执法监测数据进行核算时，排污单位还应以产污系数或物料衡算法进行校核。监测数据应符合国家环境监测相关标准技术规范要求。

9.2　实测法

9.2.1　废水核算方法

9.2.1.1　正常情况

根据自行监测要求，必须采用自动监测的纺织印染工业排污单位废水总排放口的化学需氧量、氨氮，应采取自动监测实测法核算。废水自动监测实测法是指根据符合监测规范的有效自动监测数据，通过污染物的日平均排放浓度、累计排水量、运行时间核算污染物年排放量，核算方法见式（4）。

$$E_{j\text{废水}} = \sum_{i=1}^{n}(C_{ij} \times q_i \times 10^{-6}) \tag{4}$$

式中　$E_{j\text{废水}}$——核算时段内主要排放口第 j 项污染物的实际排放量，t；

　　　n——核算时段内的污染物排放时间，d；

　　　C_{ij}——第 j 项污染物在第 i 日的实测平均排放浓度，mg/L；

　　　q_i——第 i 日的累计流量，m³/d。

在自动监测数据由于某种原因出现中断或其他情况，纺织印染工业排污单位应按照 HJ/T 356 补遗。

要求采用自动监测的排放口或污染物项目而未采用的，纺织印染工业排污单位应采用产排污系数法核算化学需氧量、氨氮排放量，按直排进行核算。

对未要求采用自动监测的排放口或污染物项目，纺织印染工业排污单位应采用手工监测数据进行核算。手工监测数据包括核算时间内的所有执法监测数据和排污单位自行或委托第三方的有效手工监测数据。排污单位自行或委托的手工监测频次、监测期间生产工况、数据有效性等须符合相关规范文件要求。

废水总排放口具有手工监测数据的污染物实际排放量，核算方法见式（5）。

$$E_{j\text{废水}} = (C_{ij} \times q_i \times 10^{-6}) \times T \tag{5}$$

式中　$E_{j\text{废水}}$——核算时段内主要排放口第 j 项污染物的实际排放量，t；

　　　C_{ij}——第 j 项污染物在第 i 日的实测平均排放浓度，mg/L；

　　　q_i——第 i 日的累计流量，m³/d；

　　　T——核算时间段内主要排放口的累计运行时间，d。

纺织印染工业排污单位应将手工监测时段内生产负荷与核算时段内平均生产负荷进行对比，并给出对比结果。

9.2.1.2　非正常情况

废水处理设施非正常情况下的排水，如无法满足排放标准要求时，不应直接排入外环境，待废水处理设施恢复正常运行后方可排放。如因特殊原因造成污染治理设施未正常运行超标排放污染物的或偷排偷放污染物的，按产污系数、手工监测数据和未正常运行时段（或偷排偷放时段）的累计排水量核算非正常排放期间实际排放量。

9.2.2　废气核算方法

（略）

9.3　物料衡算法

纺织印染工业排污单位采用物料衡算法核算二氧化硫等排放量的，根据原辅料及燃料消耗量、含硫率、脱硫率进行核算。污染治理设施的脱硫率应采用实测法确定。

9.4　产污系数法

纺织印染工业排污单位采用产污系数法核算污染物排放量的，根据单位产品污染物的产生量、产品产量以及污染治理设施的处理效率进行核算。污染治理设施的处理效率应采用实测法确定。

10 合规判定方法

10.1 一般原则

合规是指纺织印染工业排污单位许可事项和环境管理要求符合排污许可证规定。许可事项合规是指排污单位排污口位置和数量、排放方式、排放去向、排放污染物种类、排放限值符合许可证规定，其中，排放限值合规是指排污单位污染物实际排放浓度和排放量满足许可排放限值要求；环境管理要求合规是指排污单位按许可证规定落实自行监测、台账记录、执行报告、信息公开等环境管理要求。

纺织印染工业排污单位可通过环境管理台账记录、按时上报执行报告和开展自行监测、信息公开，自证其依证排污，满足排污许可证要求。环境保护主管部门可依据排污单位环境管理台账、执行报告、自行监测记录中的内容，判断其污染物排放浓度和排放量是否满足许可排放限值要求，也可通过执法监测判断其污染物排放浓度是否满足许可排放限值要求。

10.2 排放限值合规判定

10.2.1 废水排放浓度合规判定

纺织印染工业排污单位各废水排放口污染物的排放浓度达标是指任一有效日均值（除 pH 值、色度外）均满足许可排放浓度要求。废水污染物有效日均值采用执法监测、排污单位自行开展的自动监测和手工监测三种方法确定。

（1）执法监测

按照监测规范要求获取的执法监测数据超过许可排放浓度限值的，即视为超标。根据 HJ/T 91 确定监测要求。

（2）纺织印染工业排污单位自行监测

1）自动监测

按照监测规范要求获取的自动监测数据计算得到有效日均浓度值（除 pH 值与色度外）与许可排放浓度限值进行对比，超过许可排放浓度限值的，即视为超标。对于应当采用自动监测而未采用的排放口或污染物，即视为不合规。

对于自动监测，有效日均浓度是对应于以每日为一个监测周期内获得的某个污染物的多个有效监测数据的平均值。在同时监测污水排放流量的情况下，有效日均值是以流量为权的某个污染物的有效监测数据的加权平均值；在未监测污水排放流量的情况下，有效日均值是某个污染物的有效监测数据的算术平均值。

自动监测的排放浓度应根据 HJ/T 355、HJ/T 356 等相关文件确定。

2）手工监测

按照自行监测方案、监测规范要求开展的手工监测，当日各次监测数据平均值（或当日混合样监测数据）超过许可排放浓度限值的，即视为超标。

若同一时段的管理部门执法监测与纺织印染工业排污单位自行监测数据不一致

的，以该执法监测数据作为优先证据使用。

10.2.2　废气排放浓度合规判定

10.2.2.1　正常情况

纺织印染工业排污单位厂界无组织排放的臭气浓度最大值达标是指"任一次测定均值满足许可限值要求"。除此之外，其余废气有组织排放口污染物或厂界无组织污染物排放浓度达标均是指"任一小时浓度均值均满足许可排放浓度要求"。废气污染物小时浓度均值根据执法监测、排污单位自行监测（包括自动监测和手工监测）进行确定。

（1）执法监测

按照监测规范要求获取的执法监测数据超过许可排放浓度限值的，即视为超标。根据 GB/T 16157、HJ/T 55、HJ/T 397 确定监测要求。

（2）纺织印染工业排污单位自行监测

1）自动监测

按照监测规范要求获取的有效自动监测数据小时浓度均值与许可排放浓度限值进行对比，超过许可排放浓度限值的，即视为超标。对于应当采用自动监测而未采用的排放口或污染物，即视为不合规。自动监测小时均值是指"整点 1 小时内不少于 45 分钟的有效数据的算术平均值"。

2）手工监测

对于未要求采用自动监测的排放口或污染物，应进行手工监测，按照自行监测方案、监测规范要求获取的监测数据计算得到的有效小时浓度均值超过许可排放浓度限值的，即视为超标。

根据 GB/T 16157 与 HJ/T 397，小时浓度均值指"1 小时内等时间间隔采样 3～4 个样品监测结果的算术平均值"。

若同一时段的管理部门执法监测与纺织印染工业排污单位自行监测数据不一致的，以管理部门执法监测数据为准。

（3）无组织排放合规判定

纺织印染工业排污单位无组织排放合规是指同时满足以下两个条件：

1）无组织控制措施符合"6.3.2.2"中的要求；

2）厂界监测浓度均满足许可排放浓度要求。

10.2.2.2　非正常情况

纺织印染工业排污单位非正常排放指主要产污环节生产设施启停机、工艺设备运转异常情况下的排放，非正常排放不作为废气达标判定依据。其中，印花设施、定型设施、涂层设施的风机启动和停机时间不超过 1 小时；燃煤锅炉如采用干（半干）法脱硫、脱硝措施，冷启动不超过 1 小时、热启动不超过 0.5 小时。

10.2.3　排放量合规判定

纺织印染工业排污单位污染物排放量合规是指同时满足以下两个条件：

1）纳入排污许可量管理范围的主要排放口污染物实际排放量之和满足纺织印染工业排污单位年许可排放量；

2）对于特殊时段有许可排放量要求的，实际排放量不得超过特殊时段许可排放量。

纺织印染工业排污单位启停机等非正常情况造成短时污染物排放量较大时，应通过加强正常运营时污染物排放管理、减少污染物排放量的方式，确保全厂污染物年排放量（正常排放＋非正常排放）满足许可排放量要求。

10.3　管理要求合规判定

环境保护主管部门依据排污许可证中的管理要求，以及纺织印染行业相关技术规范，审核环境管理台账记录和排污许可证执行报告；检查纺织印染工业排污单位是否按照自行监测方案开展自行监测；是否按照排污许可证中环境管理台账记录要求记录相关内容，记录频次、形式等是否满足排污许可证要求；是否按照排污许可证中执行报告要求定期上报，上报内容是否符合要求等；是否按照排污许可证要求定期开展信息公开；是否满足特殊时段污染防治要求。

附录 A

（资料性附录）

纺织印染工业废水污染防治可行技术

表 A.1　纺织印染工业废水污染防治可行技术参照表

类别	废水类型		可行技术	备注
含铬废水	感光制网废水		化学还原＋絮凝沉淀法、电解还原法、离子交换法	含铬废水必须经过预处理满足限值要求后可排出车间或生产设施排放口
	含铬印染废水			
可资源回收生产废水	洗毛废水		离心分离、膜分离、混凝气浮	资源回收生产废水可直接排入全厂综合废水处理设施
	缫丝废水		酸析法、冷冻法、膜分离	
	退浆废水		膜分离、絮凝沉淀	
	碱减量废水		酸析法，盐析法	
全厂综合废水	工艺废水	喷水织机废水	一级处理：格栅、捞毛机、中和、混凝、气浮、沉淀；二级处理：水解酸化、厌氧生物法、好氧生物法；深度处理：曝气生物滤池、臭氧、芬顿氧化、滤池、离子交换、树脂过滤、膜分离、人工湿地、活性炭吸附、蒸发结晶	喷水织机废水经一级＋二级处理可达到直接排放标准，其余类型的废水执行间接排放标准的需经一级＋二级处理；执行直接排放标准的需经一级＋二级＋深度处理。每级处理工艺中技术至少选择一种
		成衣水洗废水		
		麻脱胶废水		
		印染废水		
	初期雨水			
	生活污水			
	循环冷却水排污水			